Medizinische Informatik und Statistik

Band 1: Medizinische Informatik 1975. Frühjahrstagung des Fachbereiches Informatik der GMDS. Herausgegeben von P. L. Reichertz. VII, 277 Seiten. 1976.

Band 2: Alternativen medizinischer Datenverarbeitung. Fachtagung München-Großhadern 1976. Herausgegeben von H. K. Selbmann, K. Überla und R. Greiller. VI, 175 Seiten. 1976.

Band 3: Informatics and Medecine. An Advanced Course. Edited by P. L. Reichertz and G. Goos. VIII, 712 pages. 1977.

Band 4: Klartextverarbeitung. Frühjahrstagung, Gießen, 1977. Herausgegeben von F. Wingert. V, 161 Seiten. 1978.

Band 5: N. Wermuth, Zusammenhangsanalysen Medizinischer Daten. XII, 115 Seiten. 1978.

Band 6: U. Ranft, Zur Mechanik und Regelung des Herzkreislaufsystems. Ein digitales Simulationsmodell. XV, 192 Seiten. 1978.

Band 7: Langzeitstudien über Nebenwirkungen Kontrazeption – Stand und Planung. Symposium der Studiengruppe „Nebenwirkungen oraler Kontrazeptiva – Entwicklungsphase", München 1977. Herausgegeben von U. Kellhammer. VI, 254 Seiten. 1978.

Band 8: Simulationsmethoden in der Medizin und Biologie. Workshop, Hannover, 1977. Herausgegeben von B. Schneider und U. Ranft. XI, 496 Seiten. 1978.

Band 9: 15 Jahre Medizinische Statistik und Dokumentation. Herausgegeben von H.-J. Lange, J. Michaelis und K. Überla. VI, 205 Seiten. 1978.

Band 10: Perspektiven der Gesundheitssystemforschung. Frühjahrstagung, Wuppertal, 1978. Herausgegeben von W. van Eimeren. V, 171 Seiten. 1978.

Band 11: U. Feldmann, Wachstumskinetik. Mathematische Modelle und Methoden zur Analyse altersabhängiger populationskinetischer Prozesse. VIII, 137 Seiten. 1979.

Band 12: Juristische Probleme der Datenverarbeitung in der Medizin. GMDS/GRVI Datenschutz-Workshop 1979. Herausgegeben von W. Kilian und A. J. Porth. VIII, 167 Seiten. 1979.

Band 13: S. Biefang, W. Köpcke und M. A. Schreiber, Manual für die Planung und Durchführung von Therapiestudien. IV, 92 Seiten. 1979.

Band 14: Datenpräsentation. Frühjahrstagung, Heidelberg 1979. Herausgegeben von J. R. Möhr und C. O. Köhler. XVI, 318 Seiten. 1979.

Band 15: Probleme einer systematischen Früherkennung. 6. Frühjahrstagung, Heidelberg 1979. Herausgegeben von W. van Eimeren und A. Neiß. VI, 176 Seiten, 1979.

Band 16: Informationsverarbeitung in der Medizin -Wege und Irrwege-. Herausgegeben von C. Th. Ehlers und R. Klar. XI, 796 Seiten. 1979.

Band 17: Biometrie – heute und morgen. Interregionales Biometrisches Kolloquium 1980. Herausgegeben von W. Köpcke und K. Überla. X, 369 Seiten. 1980.

Band 18: R.-J. Fischer, Automatische Schreibfehlerkorrektur in Texten. Anwendung auf ein medizinisches Lexikon. X, 89 Seiten. 1980.

Band 19: H. J. Rath, Peristaltische Strömungen. VIII, 119 Seiten. 1980.

Band 20: Robuste Verfahren. 25. Biometrisches Kolloquium der Deutschen Region der Internationalen Biometrischen Gesellschaft, Bad Nauheim, März 1979. Herausgegeben von H. Nowak und R. Zentgraf. V, 121 Seiten. 1980.

Band 21: Betriebsärztliche Informationssysteme. Frühjahrstagung, München, 1980. Herausgegeben von J. R. Möhr und C. O. Köhler. (vergriffen)

Band 22: Modelle in der Medizin. Theorie und Praxis. Herausgegeben von H. J. Jesdinsky und V. Weidtman. XIX, 786 Seiten. 1980.

Band 23: Th. Kriedel, Effizienzanalysen von Gesundheitsprojekten. Diskussion und Anwendung auf Epilepsieambulanzen. XI, 287 Seiten. 1980.

Band 24: G. K. Wolf, Klinische Forschung mittels verteilungsunabhängiger Methoden. X, 141 Seiten. 1980.

Band 25: Ausbildung in Medizinischer Dokumentation, Statistik und Datenverarbeitung. Herausgegeben von W. Gaus. X, 122 Seiten. 1981.

Band 26: Explorative Datenanalyse. Frühjahrstagung, München, 1980. Herausgegeben von N. Victor, W. Lehmacher und W. van Eimeren. V, 211 Seiten. 1980.

Band 27: Systeme und Signalverarbeitung in der Nuklearmedizin. Frühjahrstagung, München, März 1980. Proceedings. Herausgegeben von S. J. Pöppl und D. P. Pretschner. IX, 317 Seiten. 1981.

Band 28: Nachsorge und Krankheitsverlaufsanalyse. 25. Jahrestagung der GMDS, Erlangen, September 1980. Herausgegeben von L. Horbach und C. Duhme. XII, 697 Seiten. 1981.

Band 29: Datenquellen für Sozialmedizin und Epidemiologie. Herausgegeben von R. Brennecke, E. Greiser, H. A. Paul und E. Schach. VIII, 277 Seiten. 1981.

Band 30: D. Möller, Ein geschlossenes nichtlineares Modell zur Simulation des Kurzzeitverhaltens des Kreislaufsystems und seine Anwendung zur Identifikation. XV, 225 Seiten. 1981.

Band 31: Qualitätssicherung in der Medizin. Probleme und Lösungsansätze. GMDS-Frühjahrstagung, Tübingen, 1981. Herausgegeben von H. K. Selbmann, F. W. Schwartz und W. van Eimeren. VII, 199 Seiten. 1981.

Band 32: Otto Richter, Mathematische Modelle für die klinische Forschung: enzymatische und pharmakokinetische Prozesse. IX, 196 Seiten, 1981.

Band 33: Therapiestudien. 26. Jahrestagung der GMDS, Gießen, September 1981. Herausgegeben von N. Victor, J. Dudeck und E. P. Broszio. VII, 600 Seiten. 1981.

Medizinische Informatik und Statistik

Herausgeber: S. Koller, P. L. Reichertz und K. Überla

56

Strukturen und Prozesse
Neue Ansätze in der Biometrie

28. Biometrisches Kolloquium der
Biometrischen Gesellschaft
Aachen, 16.-19. März 1982
Proceedings

Herausgegeben von
R. Repges und Th. Tolxdorff

Springer-Verlag
Berlin Heidelberg New York Tokyo 1984

Reihenherausgeber

S. Koller P. L. Reichertz K. Überla

Mitherausgeber

J. Anderson G. Goos F. Gremy H.-J. Jesdinsky H.-J. Lange
B. Schneider G. Segmüller G. Wagner

Herausgeber

R. Repges
Th. Tolxdorff
Klinikum der RWTH Aachen
Abt. Medizinische Statistik und Dokumentation
Pauwelstr. 1, 5100 Aachen

CIP-Kurztitelaufnahme der Deutschen Bibliothek
Strukturen und Prozesse, neue Ansätze in der Biometrie: proceedings / 28. Bio-
metr. Kolloquium d. Biometr. Ges., Aachen, 16. – 19. März 1982. Hrsg. von
R. Repges u. T. Tolxdorff. – Berlin; Heidelberg; New York; Tokyo: Springer, 1984.
(Medizinische Informatik und Statistik; 56)
ISBN-13: 978-3-540-13877-8   e-ISBN-13: 978-3-642-70093-4
DOI:10.1007/978-3-642-70093-4
NE: Repges, Rudolf [Hrsg.]; Biometrisches Kolloquium <28, 1982, Aachen>;
Biometric Society; GT

Vorwort

Die erste Phase der Biometrie, zugleich ihr Kristallisationspunkt, läßt
sich, grob vereinfachend, durch das Modell einer reellwertigen Zufallsvariablen charakterisieren. Der typische biologische Partner ist ein an-
wendungsorientierter Praktiker, der einen Versuch anstellt, um dadurch
Effekte verschiedener Behandlungen zu messen. Diese Symbiose führte
nicht nur zu einer gegenseitigen Akzeptanz, sondern zunehmend auch zu
einer Ausdehnung des gegenseitigen Interesses.

Es hat den Anschein, daß nun eine zweite Phase der Biometrie ihren Anfang nimmt, in der eine zweite Generation von Biometrikern einen neuen
Ansatz macht, sich mit dem Phänomen des Lebendigen auseinanderzusetzen.
Auf Seiten der Mathematik sind es neben den Stochastikern die Algebra-
iker, die Analytiker sowie - als Mathematiker im weiteren Sinne - die
Informatiker, die Systemtheoretiker und die Nachrichtentechniker, die
in der Biologie vielfältige Anwendungsmöglichkeiten für ihre Methoden
entdecken. Auf Seiten der Biologie sind es die räumlichen, die zeitli-
chen und die gegenseitigen Abhängigkeiten, die nach einer konsistenten
Modellierung drängen. Solche Modellierungen sind inzwischen an vielen
Stellen als Insellösungen entstanden, und es war die Absicht dieses
Kolloquiums, einige dieser Entwicklungen hier vorzustellen.

Eine ausgezeichnete Übersicht über außerhalb der Biometrie entstandene
Tendenzen findet der Leser im ersten Beitrag aus der Feder eines theoretischen Physikers. In biometrischer Terminologie sind es Wechselwir-
kungsterme bei stochastischen Prozessen, die offenbar eine überraschend
zentrale Rolle spielen und in der Lage sind, einige für die Biologie
typischen Phänomene wie die stabilen Nichtgleichgewichte sowie das Auftreten räumlicher Strukturen und zyklischer Prozesse physikalisch ver-
stehbarer zu machen. Die neuen Entwicklungen innerhalb der Biometrie,
die anschließend dargestellt sind, zeigen einige auffallende Paralle-
len. Das Bestehen der Wechselwirkungen - als Kovariable, als Nachbarschaftsstrukturen, als Zeitkorrelationen - schlägt sich in der Planung
biologischer Versuche nieder; dies ist in den nächsten drei Beiträgen
beschrieben. Bei den Auswertungen tritt der Prozeßcharakter einer bio-
logischen Zufallsvariable zunehmend in den Vordergrund; dies führte zu
einer raschen Entwicklung sequentieller Verfahren, die in den letzten
drei Beiträgen dargestellt sind.

Es war die Absicht dieses 28. Biometrischen Kolloquiums, über die neuen Entwicklungen in den Beziehungen zwischen Biologie und Mathematik, beides im erweiterten Sinn, im größeren Zusammenhang zu berichten. Wenn sich beim Leser der Eindruck verfestigt, daß die Mathematik biologischer und die Biologie deduzierbarer wird, so hat das Kolloquium sein wichtigstes Ziel erreicht.

Rudolf Repges
Thomas Tolxdorff

Tagungsleiter und Herausgeber

INHALTSVERZEICHNIS

Zur Literatur gibt es ein Buch, das ich vor einigen Jahren verfaßt habe:
"Synergetics. An Introduction", und das kürzlich in Deutsch erschienen
ist. Es gibt auch eine populäre Fassung davon, "Erfolgsgeheimnisse der
Natur". Für die meisten von Ihnen wird das erste Buch das interessante-
re sein, da es die Mathematik darlegt.
Zunächst möchte ich mich allerdings gar nicht mit der Mathematik befas-
sen, sondern Ihnen anhand einiger konkreter Beispiele zeigen, welche
Arten von Dingen wir hier im Auge haben.

Im ersten Bild

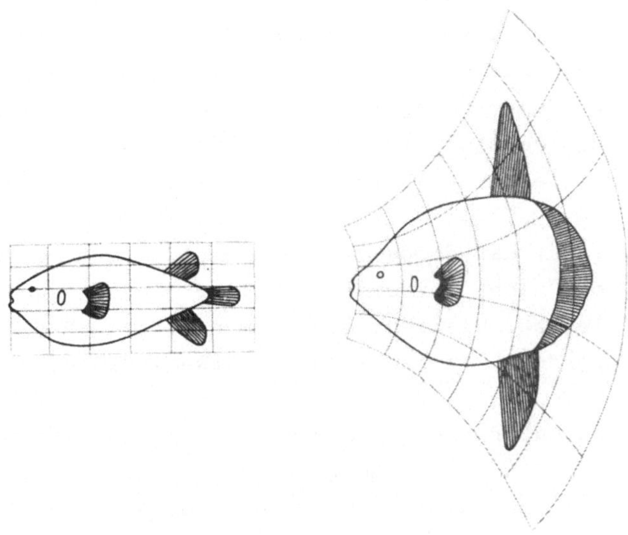

Abb.1:   Nach D'Arcy Wentworth Thompson läßt sich der Igelfisch und der
         Sonnenfisch durch eine einfache Koordinatenverzerrung überfüh-
         ren.

zeige ich Ihnen zwei Arten von Fischen, links der Igelfisch, rechts den
Sonnenfisch. Der berühmte schottische Biologe D'Arcy Wentworth Thompson
hatte schon vor 60 Jahren, also Anfang des Jahrhunderts, gezeigt, daß
diese beiden Fische durch eine einfache Koordinatentransformation inein-
ander übergeführt werden können, wobei Auge in Auge, Flosse in Flosse
usw. übergehen. Im Sinne des Mathematikers wären diese beiden Fische
"strukturell" identisch. Sie sind mathematisch sozusagen strukturell

SYNERGETIK – EINE STOCHASTISCHE THEORIE VON SELBSTORGANISATIONSVORGÄNGEN

H. Haken
Institut für theoretische Physik der Universität Stuttgart
D-7000 Stuttgart 80, Pfaffenwaldring 57/IV

§1 Die Fragestellung der Synergetik

In meinem Vortrag möchte ich versuchen, einige Grundideen der Synergetik darzulegen. Das Wort Synergetik ist aus dem Griechischen genommen
und bedeutet soviel wie die Lehre vom Zusammenwirken. Diese ist als
eine Art Kontrastprogramm aufzufassen zu dem üblichen naturwissenschaft-
lichen Vorgehen, bei dem man versucht, die Eigenschaften eines Systems
dadurch zu erforschen, daß man das System erst einmal in seine Einzelteile zerlegt. Also der Physiker zerlegt den Kristall in die einzelnen
Anatome, oder der Biologe zerlegt einen Organismus in die einzelnen Or-
gane und Zellen.
Man stellt sehr oft fest, daß diese vielen Einzelteile eine Gesamtwir-
kung hervorbringen, die nicht nur eine zufällige Überlagerung der Ak-
tionen der Einzelteile ist. Vielmehr stellt man fest, daß die Einzelteile in einer wohlgeordneten Weise zusammenwirken, die sehr oft selbst
organisiert ist.
Diese Bemerkungen sind natürlich für den Mediziner oder Biologen eine
Binsenwahrheit, da etwa für einen Bewegungsvorgang das Zusammenwirken
der Muskeln ganz entscheidend ist. Wir wollen aber hier das Problem
etwas allgemeiner anfassen; wir fragen uns nämlich, ob es allgemeine
Prinzipien gibt, die die Selbstorganisation in den verschiedenen Gebieten der Naturwissenschaften beherrschen. Wir wollen dabei die Frage untersuchen, wie aus ungeordneten Vorgängen oder ungeordneten Zuständen
Ordnungen entstehen. Die Frage ist also nach allgemeinen Prinzipien.
Das erscheint ein bißchen kühn, da wir natürlich sagen werden, daß ein
physikalischer Vorgang etwas völlig anderes sein kann als ein biologischer. Und deshalb könnte man vielleicht von vornherein sagen, nach
diesen Prinzipien zu fragen, ist großer Unsinn. Ich will aber trotzdem
versuchen, Sie davon zu überzeugen, daß es derartige Prinzipien gibt.
Und ich will dies zuerst an einigen Beispielen belegen, um Ihnen dann
eine allgemeinere Theorie dieser Dinge vorzulegen.

stabil. Wir haben in der Synergetik gefunden, daß dann allgemeine Gesetzmäßigkeiten zu finden sind, wenn wir uns gerade auf solche Situationen konzentrieren, bei denen strukturelle Änderungen auftreten, bei
denen also z.B. beim Übergang vom einen Fisch zum anderen Fisch eine
neue Flosse auftritt. Die Entwicklungsbiologie ist voll von Beispielen
solcher qualitativer Änderungen.

Im nächsten Bild

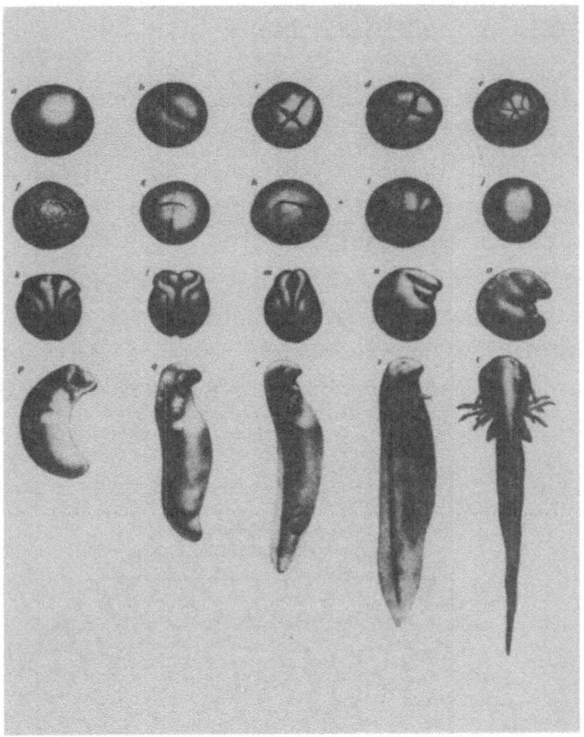

Abb.2:   Entwicklungsstadien eines Molches
         (Nach R. GORDON und A.G. JACOBSON, Sci.Am., Juni 1978, S.80)

zeige ich Ihnen die Entwicklungsstadien eines Molches. Und Sie sehen,
was hier typisch ist, ist nicht das Wachstum oder die Größenänderung,
sondern die qualitativen Änderungen, die jeweils vorsichgehenden Ein-
schnürungen in verschiedenen Stadien, wie Morula usw., und schließlich
die Ausbildung ganz neuartiger Extremitäten etwa.

Wir wollen uns also mit der Frage befassen, welche Strukturänderungen
es gibt und durch welche Gesetzmäßigkeiten man diese beschreiben kann.
Wollen wir aber nicht mit dem Schwierigsten, der Entwicklungsbiologie,
anfangen. Ich will Ihnen vielmehr zunächst einmal einige Beispiele aus
der unbelebten Natur vorführen, an denen Sie sehen können, daß es auch
dort schon qualitative strukturelle Änderungen gibt.

§2   Beispiele von Strukturbildungen

Ein Phänomen, das Sie selbst am Himmel beobachten können, sind Wolkenstraßen. Diese Wolkenstraßen sind übrigens keineswegs statisch, sie
sind dynamisch. Segelflugpiloten wissen, daß in den verschiedenen Zonen
jeweils Auftrieb oder Abtrieb herrschen. Aber solche Phänomene kann man
auch selbst im Labor erzeugen.

Abbildung 3 zeigt eine Flüssigkeitsschicht. In der Mitte der einzelnen
Hexagone steigt die Flüssigkeit auf, am Rand sinkt sie ab. Das Interessante hierbei ist, daß offenbar die Moleküle, die die Flüssigkeit bilden, es wissen, wie sie sich auf riesige Entfernungen anzuordnen haben.

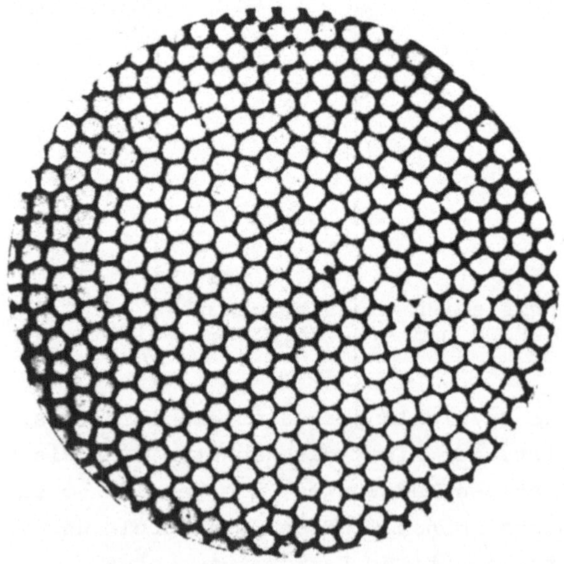

Abb.3:   Eine von unten erhitzte Flüssigkeit kann ein hexagonales Bewe-
gungsmuster annehmen.

Die Moleküle sind viel kleiner als die Durchmesser dieser Zellen, die
Millimeter oder sogar Zentimeter betragen können.

In der Flüssigkeitsdynamik gibt es noch kompliziertere Gebilde, ich
nenne nur ein Beispiel. Hier hat man ein rechtwinkliges Gefäß, das wie-
derum mit Flüssigkeit gefüllt ist, von unten erhitzt. Von einer bestimmten Temperaturdifferenz zwischen oberer und unterer Fläche an zeigt sich
ein teppichartiges Muster, also eine hochkomplizierte Organisation einer
Flüssigkeit ohne ein Zutun von außen. Ich muß hinzufügen, daß die Flüssigkeit keineswegs in diesem Teppichmuster erhitzt wird. Die Flüssigkeit
wird vollkommen homogen erhitzt, und trotzdem findet sie sich zur Bildung eines solchen Musters zurecht.

Im nächsten Bild (Abb.4) will ich zur Chemie übergehen. Die Chemie ist
deshalb wichtig, weil sie die Grundlage für alle Lebensvorgänge ist.
Hier hat man schon vor einigen Jahrzehnten gefunden, daß es Musterbildungen geben kann.

Abb.4: Beispiel von Streifenmustern bei einer chemischen Reaktion.

Man schüttet verschiedene Reagenzien zusammen, z.B. in der bekannten
Belousov-Zhabotinski-Reaktion. Während normalerweise aber die zusamen-
geschütteten Reagenzien ein homogenes Endprodukt ergeben, gibt es hier
z.B. eine streifenförmige Anordnung; blau wechselt mit rot periodisch
ab. Man kann den Vorgang auch anders ablaufen lassen. Man mischt die
verschiedenen Reagenzien sehr homogen zusammen und setzt dauernd einen
Quirl an, so daß sich kein räumliches Muster bilden kann. Dann kommt es
trotzdem zu einer Organisation im zeitlichen Bereich. Es gibt also einen
periodischen Farbumschlag von Rot nach Blau, nach Rot, ganz periodisch.
Das bedeutet, daß man hier zum ersten Mal eine chemische Uhr hat. Viele
Vorgänge in der lebenden Natur laufen, wie sie alle wissen, rhythmisch
ab, so daß hier nun Modelle vorliegen, wie rhythmische Vorgänge zunächst
einmal auf einer viel einfacheren Basis zu erfassen sind.

Im nächsten Bild (Abb.4) zeige ich Ihnen, daß es noch viel kompliziertere Erscheinungen in diesen chemischen Reaktionsschritten bzw. -ver-

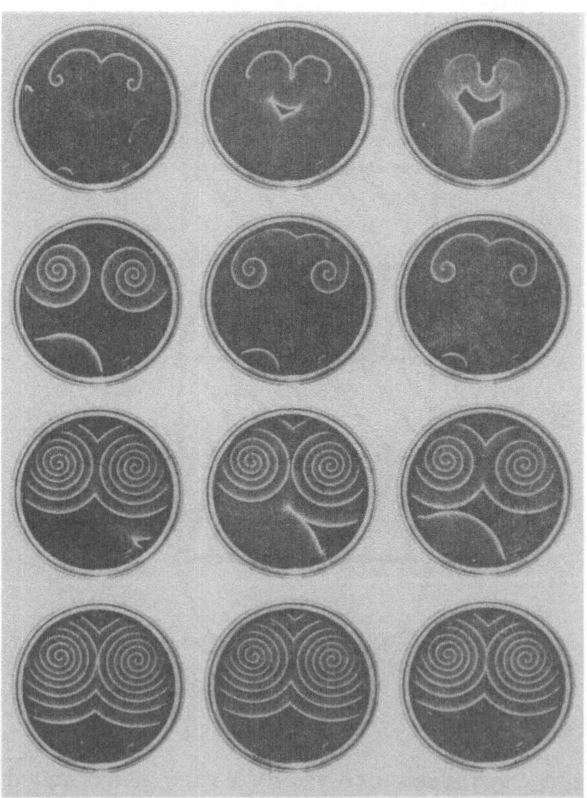

Abb.5: Chemische Spiralen in der Belousov-Zhabotinsky-Reaktion.
        Aufgetragen sind verschiedene Entwicklungsstadien.

fahren gibt. Hier bilden sich zwei Spiralen aus, die auseinanderlaufen
und zusammentreffen und dann ein stationäres Muster ergeben. Das Interessante ist hier der folgende Punkt. Wir werden sehen, daß solche Ge-
staltsbildungen, Musterbildungen im allgemeinsten Sinne, allgemein gül-
tige Prinzipien haben, in dem Sinne, daß in der organischen und anorga-
nischen Welt es zu genau den gleichen Mustern kommen kann, unabhängig
davon, wie die individuellen Mechanismen aussehen.
Und um das zu sehen, will ich Ihnen ein weiteres Beispiel bringen, das
vielen von Ihnen wahrscheinlich bekannt ist. Es handelt sich hierbei um
einen Schleimpilz, der normalerweise in Form von amöbenartigen Zellen
existiert, wobei diese Zellen aber, wenn ihr Nahrungsvorrat kleiner
wird, sich wie auf ein geheimes Kommando hin an einem bestimmten Platz
versammeln, sich immer mehr anhäufen und schließlich differenzieren.
Die Frage ist, woher wissen es die einzelnen Zellen, daß sie sich an
einem bestimmten Platze zu versammeln haben. Das ist durch die Bioche-
miker aufgeklärt worden.

Das nächste Bild (Abb.6) stellt Muster dar, die wieder spiralförmig
sind, und diese Muster stellen eine Substanz dar, zyklisches Adenosin-
Monophosphat (cAMP). Es zeigt sich, daß die einzelnen Zellen dieses
Adenosin-Monophosphat erzeugen können, und zwar dann, wenn das Nah-
rungsangebot knapp wird. Dieses cAMP kann im Untergrund diffundieren,
trifft auf andere Zellen, diese werden zu einer verstärkten Produktion
von cAMP angeregt, und durch diese Wechselwirkung von Diffusion und
verstärkter Erzeugung von cAMP entstehen dann diese Spiralen. Sie sehen genau die gleichen Formen, beide dynamisch. Die Spiralen drehen
sich, aber in zwei ganz verschiedenen Gebieten.

Damit komme ich zur grundsätzlichen Frage, wie man es verstehen kann,
daß ganz verschiedene Substanzen oder verschiedene mikroskopische Vorgänge zu den gleichen makroskopischen Erscheinungen führen, und nach
welchen Prinzipien das vor sich geht.

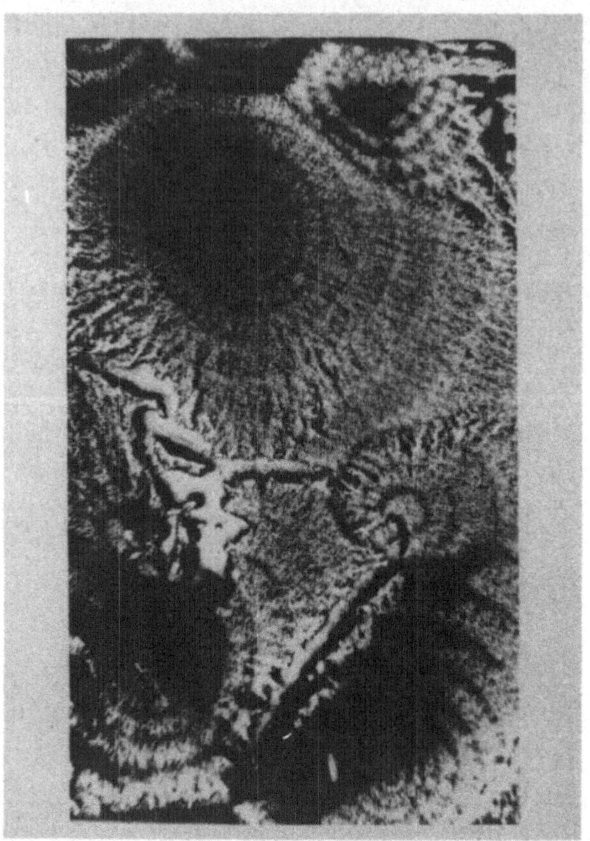

Abb.6:   Von cAMP hervorgerufene Spiralwellen beim Schimmelpilz

§3   Ein Modellbeispiel der Synergetik

Nachdem wir behaupten, daß ganz verschiedene Systeme genau das gleiche machen, ist es genau genommen gleichgültig, an welchem Beispiel ich das im einzelnen vorführe. Zum Teil aus historischen Gründen, weil ich auf diese Weise dazu gekommen bin, besonders aber aus pädagogischen Gründen, möchte ich hier ein Beispiel aus der Physik wählen. Dieses Beispiel ist der Laser, ein Gerät, mit dem auch viele Mediziner heutzutage arbeiten. Es wird nicht wesentlich sein, wie dieses Gerät aussieht. Der Laser besteht aus einem aktiven Material, z.B. einem Gas wie Helium-Neon und

zwei Spiegeln. Von außen wird das Gas in irgendeiner Weise angeregt, zum
Leuchten gebracht. Das Interessante, womit wir uns befassen wollen, ist,
wie das ausgestrahlte Laserlicht entsteht.

Im nächsten Bild (Abb.7) ist dies kurz dargestellt.

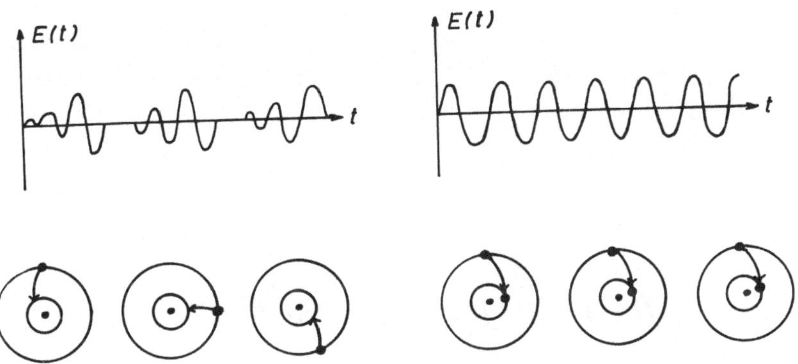

Abb.7: Links oben: Die in der Lampe ausgestrahlten inkohärenten
Wellenzüge.

Links unten: Diese werden durch Elektronen erzeugt, die unabhängig voneinander Übergänge in ihren Atomen ausführen.

Rechts oben: Die kohärente Lichtwelle eines Lasers.

Rechts unten: Diese wird erzeugt durch den korrelierten
Übergang der einzelnen Elektronen.

Links habe ich aufgetragen, was in einer normalen Gasentladungsröhre
vor sich geht. Nach oben ist das Lichtfeld aufgetragen und nach rechts
die Zeit. Es ist gewissermaßen bei einer Lampe so, als würden wir Kieselsteine ins Wasser werfen. Die Kieselsteine erzeugen unabhängig voneinander einzelne Wellenzüge. Diese Wellenzüge sind im linken Teil des
Bildes oben aufgetragen. Wir wissen alle, wie diese Wellenzüge atomi-
stisch entstehen. Links unten ist in der Mitte jeweils ein Atomkern auf-
gezeichnet, um den ein Elektron kreist. Dieses Elektron fällt auf eine
niedere Bahn herunter; es gibt Energie an das Lichtfeld ab. Das ist also genau die Analogie zum Hineinwerfen eines Kieselsteins. Bei einer
Lampe sind diese einzelnen Prozesse völlig unabhängig voneinander. Sie
sind chaotisch völlig ungeordnet, und genauso ist auch das Lichtfeld,

völlig ungeordnet. Nun kommen wir zu dem eigentlich interessanten Punkt. In einem Laser entsteht eine wunderschön gleichmäßige, wie man sagt, kohärente Welle. Das kann man mikroskopisch so deuten, daß die einzelnen Elektronen, die rechts unten auf der äußeren Bahn eingezeichnet sind, wie auf ein Kommando gleichmäßig auf eine niedrigere Bahn hinunterfallen. Warum das so verwunderlich ist, will ich in einem antropomorphen Modell im nächsten Bild (Abb.8) zeigen. Hier stellen wir die einzelnen Atome durch kleine Männchen dar, die an einem Kanal stehen, der mit Wasser gefüllt ist. Bei der Lampe symbolisieren diese einzelnen Männchen die Atome, die unabhängig voneinander ihre Pflöcke in das Wasser stoßen und auf diese Weise eine völlig ungeordnete Wellenbewegung erzeugen.

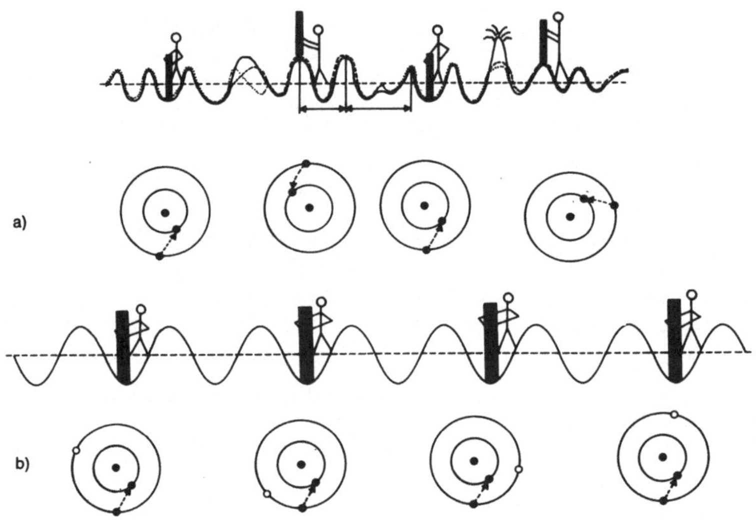

Abb.8: Oben: Veranschaulichung der von einer Lampe erzeugten Lichtwelle. Die Männchen symbolisieren die Atome, die Wasserwelle
das Lichtfeld.

Unten: Dasselbe, aber für den Laser.

Bei dem Laser dagegen müssen wir uns das so vorstellen, daß die einzelnen Männchen ihre Pflöcke völlig kohärent, völlig synchron in das Wasser stoßen. Im normalen Leben ist klar, wie dies zustande kommt. Die einzelnen Männchen gehorchen einem Kapo, der immer ruft, "jetzt, jetzt,

jetzt", und dann stoßen die Männchen ihre Pflöcke in das Wasser. Das Interessante ist nun, daß beim Laser niemand da ist, der den Atomen ein Kommando gibt. Wir haben hier das typische Beispiel einer Selbstorganisation vor uns. Dieses Beispiel ist sehr typisch für viele Erscheinungen in ganz anderen Gebieten. Ich muß allerdings gleich davor warnen, das, was ich hier sage, nicht zu wörtlich zu nehmen. Ich behaupte nicht, daß etwa biologische Vorgänge ein Laservorgang sind. Mir kommt es darauf an, wie Sie später sehen werden, einige sehr abstrakte Begriffsbildungen zunächst einmal an einem ganz konkreten Modell hier zu erörtern. Später werden wir dann sehen, daß diese Begriffsbildungen in einem viel breiteren Bereich anwendbar sind.

Ich will auf die Mathematik in zwei Schritten eingehen. In einem ersten Schritt will ich den Laser erläutern, im mathematischen Sinne, und will dann später noch etwas die allgemeine Theorie andeuten.

Das Lasersystem besteht aus zwei Teilen: der Feldstärke "E" der Lichtwelle und den einzelnen Atomen, die durch Dipolmomente "p" beschrieben werden. Wir betrachten als erstes die Lichtfeldamplitude. Sie genügt einer Gleichung der Gestalt

$$\dot{E} = -KE + p_1 + p_2 + \ldots p_N + \text{Fluktuationen.}$$

$\dot{E}$ bedeutet die zeitliche Ableitung, dE/dt.
Diejenigen, die das Laserbeispiel nicht mögen, können sich den Vorgang auch ganz anders vorstellen. Es wird eine ganz bestimmte Aktivität erzeugt, die z.B. ein Nervenimpuls sei, oder Impulse im EEG. Die zeitliche Änderung dieser Aktivität oder Feldstärke kann einerseits abklingen, andererseits wird durch die einzelnen oszillierenden Dipole, dargestellt durch die p's, die Aktivität 'E' erzeugt. Eine andere Interpretation wäre, daß diese Nervenzellen, Neuronen, feuern und damit eine Gesamtrate 'E' erzeugen.
Andererseits können die Schwingungen Dipolmomente zeitlich abklingen. Umgekehrt aber werden die Dipole wieder zum Schwingen durch das Feld 'E' angeregt. Dies ist eine Art Rückkopplungsmechanismus, der durch die Gleichungen

$$\dot{p}j = -\gamma p_j + \text{const} \cdot ED_j, \qquad j = 1, \ldots, N$$

beschrieben wird.

Die Variablen D_j sollen uns hier nicht interessieren. Wichtig ist noch, daß diese Systeme, mit denen wir es zu tun haben, dauernd äußeren und inneren Schwankungen (Fluktuationen) ausgesetzt sind. D.h., das Feld würde für sich allein dauernd schwanken, also stochastische Fluktuationen ausführen. Genauso werden auch die Dipolmomente p_j stochastischen Kräften ausgesetzt.

Der einzige Punkt, auf den es hier nur ankommt, ist der folgende. Es zeigt sich, daß die Zerfallsrate K viel kleiner ist als die Zerfallsrate γ. Oder mit anderen Worten, es zeigt sich, daß das 'E'-Feld sich viel langsamer ändert, als die 'p' für sich allein genommen. Wenn 'E' sich sehr langsam ändert und 'p' antreibt, dann werden auch die 'p' sich selbst sehr langsam ändern. D.h. aber, die Änderungsrate von 'p' ist ungefähr in der Größenordnung von γ. γ ist aber viel kleiner als $K (\gamma < K)$. Oder mit anderen Worten, wir können $\dot{p}$ gegenüber γp vernachlässigen.

Das ist der ganze Witz der Geschichte, der bedeutet, daß ich $\dot{p} \approx Kp$ gleich Null setzen darf. Wir werden das später auch mathematisch exakt machen, dies ist jetzt nur ein qualitatives Argument. Das bedeutet, daß wir γp direkt durch 'E' ausdrücken können. Das hat eine sehr wichtige Konsequenz; es besagt, daß Größen, die sich rasch verändern, unmittelbar anpassen, oder, um einen terminus technicus zu verwenden, die schnell veränderlichen Größen werden von den langsam veränderlichen Größen "versklavt".

Nachdem 'p' von 'E' versklavt wird, heißt das, daß wir 'p' durch 'E' ausdrücken können. Wenn wir die 'p' (und 'D_j') eliminiert haben, bekommen wir eine einfache Gleichung von der Gestalt

$$\dot{E} = (G - K)\, E - E^3 + F \ ,$$

wobei ein in E kubisches Glied und fluktuierende Kräfte F auftreten. G ist eine Zuwachsrate, die vom Pumpen herrührt. Das ist das einfachste Beispiel einer Gleichung, die uns ständig in der Synergetik begegnet. Die Gleichung ist nichtlinear. Sie ist stochastisch durch Kräfte F und sie enthält einen Parameter G, den wir von außen manipulieren können, in dem Fall die Pumpstärke.

Diese Gleichung läßt sich mechanisch deuten. Man kann sich vorstellen, daß 'E' die Koordinate eines Teilchens ist, die wir nach rechts auftragen. Dann ist es genauso, als würde sich ein Ball in einem Tal bewegen.

Wenn G kleiner als γ ist, hat das Tal die gestrichelt angegebene Form
von Abb.9. Wenn G größer als γ wird, dann werden aus einem Tal zwei Täler.

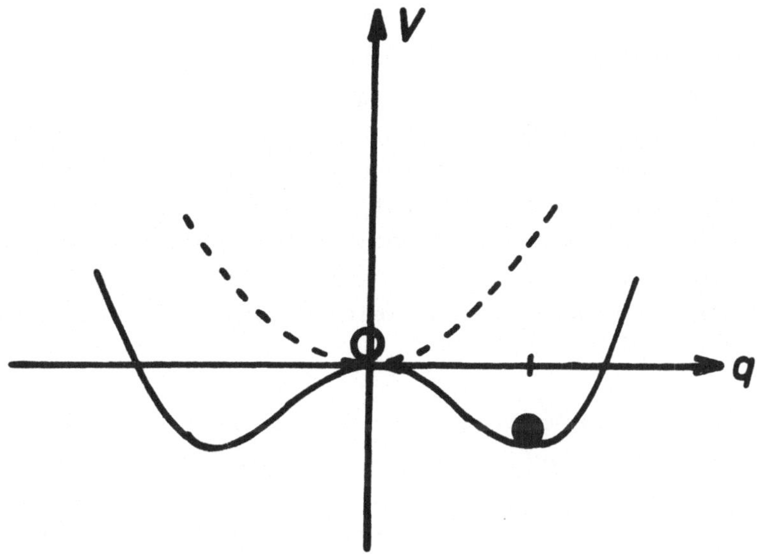

Abb.9:   Die Potentialkurve V(q) für den unstrukturierten Zustand
         (gestrichelte Linie) und für den strukturierten Zustand
         (ausgezogene Linie)

Im ersten Fall gilt für die Gleichgewichtslage

$$q_0 = 0 \, .$$

Die Fluktuationen wirken genauso wie Fußballspieler. Diese treten (zu-
weilen) auf den Ball völlig statistisch verteilt ein und in diesem Falle
bleibt der Ball meist in der Mitte des Feldes. Im zweiten Falle tritt
das Phänomen auf, daß zwei Täler erscheinen, d.h. der Ball "muß sich
entscheiden", ob er nach rechts oder links herunterrollen will. Hier
liegt eine symmetriebrechende Instabilität vor, und das ganze kann man
mit Phasenübergängen aus der Physik vergleichen, etwa mit Ferromagne-
tismus oder Supraleitung. In dem Zusammenhang hier ist es interessant
darauf hinzuweisen, daß dieses Phänomen auch in der Mathematik bekannt
ist, als Bifurkation. Wenn wir die Gleichgewicht-Koordinate q_0 in Ab-

hängigkeit vom Pumpparameter (oder Kontrollparameter) G auftragen, dann finden wir zunächst einmal eine eindeutige Lösung,

$$q_o = 0$$

Wenn hingegen G über χ hinaus erhöht wird, $G > \chi$, dann gibt es die zwei gleichberechtigten Gleichgewichtslagen $q = \pm\sqrt{G-K}$, und das bedeutet, daß wir jetzt eine Gabelung haben, eine Verzweigung oder eine Bifurkation. Man muß allerdings darauf hinweisen, daß die Bifurkationstheorie völlig die Fluktuationen vernachlässigt. Diese spielen aber im Übergangsgebiet $G = K$ eine entscheidende Rolle. In diesem Fall werden die Fluktuationen, weil die Rückstellkräfte klein sind, riesig, und die Fluktuationen bestimmen schließlich, welcher Endzustand eingenommen wird.

Das Phänomen der Symmetriebrechung gibt es auch bei sehr komplexen Systemen, selbst in unserem Gehirn. Betrachten wir dazu das nächste Bild (Abb.10). Wenn ich sage, betrachten Sie den Mittelteil als Vorderteil, dann erkennen Sie eine Vase. Wenn ich sage, betrachten Sie die beiden Außenteile als Vorderteil, dann sehen Sie zwei Gesichter.

Abb.10: Symmetriebrechung bei der Wahrnehmung. Vase oder Gesichter?

Für diejenigen, die sich mit Phasenübergängen befaßt haben, kann ich
folgendes auf englisch sagen: "Here you see the transition of a vase
to a face. That ist why we could call these transitions 'face-phase-
transitions'."
Das interessante ist nun, daß sehr komplexe Systeme, wie das Gehirn, mehrerer gleichberechtigter Zustände fähig sind, und die Auswahl durch eine zusätzliche Information getroffen wird.

Nach diesen Vorbereitungen möchte ich nun einige praktische Beispiele
bringen.
Im nächsten Bild (Abb.11) will ich Ihnen zunächst einmal in Erinnerung
rufen, was diese Größe 'E' bewirkt. Wir bezeichnen sie als Ordnungsparameter. Wenn diese Größe 'E' vorgegeben ist, dann werden die Untersysteme versklavt. Umgekehrt bestimmen aber die Untersysteme in ihrer Ge-
samtheit wieder dieses 'E'. Durch diese Ordnungsparameter wird folgendes bewirkt. Ursprünglich sind die Systeme in völliger Unordnung. Wenn
der Ordnungsparameter 'E' eine gewisse Größe erreicht hat, ist er in
der Lage, die Untersysteme wieder zu versklaven. Es entsteht ein einzi-
ger Freiheitsgrad, der makroskopisch ist und damit auch die makroskopische Ordnung manifestiert.

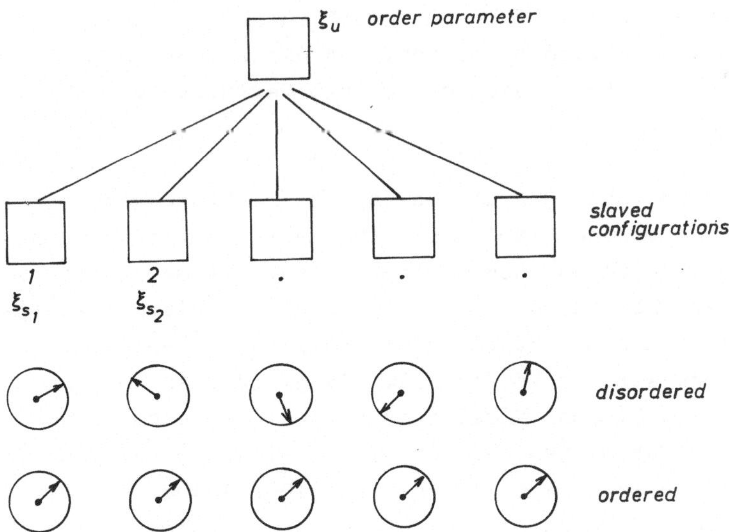

Abb.11:   Der Ordnungsparameter E ist unwirksam, wenn er klein ist. Dann
          überwiegen die Fluktuationen. Ist E groß, so werden die Unter-
          systeme versklavt und es entsteht ein makroskopischer Freiheits-
          grad.

In vielen praktischen Beispielen ist es schwieriger. Oft zeigt es sich, daß es nicht nur einen Ordnungsparameter gibt, sondern mehrere.

§4 Kooperation oder Wettbewerb

Treten zwei Ordnungsparameter auf, können diese wie eine Koalitionsregierung wirken. Und wie in einer Koalitionsregierung kann es zu Konkurrenz oder Kooperation kommen. Je nachdem, ob die Konkurrenz oder Kooperation zwischen den Ordnungsparametern gewinnt, gibt es ganz verschiedene Befehle von oben nach unten, d.h. ganz verschiedene makroskopische Konfigurationen können aus den Untersystemen gebildet werden.

Ich will diese beiden Extremfälle näher beleuchten. Sehen wir uns zunächst an, was im Falle des Wettbewerbs passiert. Hier können wir die Größen $n_k = |E_k|^2$ als Photonen des Lasers deuten. Wir können sie aber auch im Sinne der Populationsdynamik als Populationen von Spezies deuten oder im Sinne der Chemie der autokatalytischen Reaktionen als Konzentrationen von Molekülen. In all diesen Fällen wirken diese Zahlen als Ordnungsparameter. Wenn diese Ordnungsparameter bestimmt sind, dann ist das Schicksal der einzelnen Atome, Spezies oder Moleküle entschieden. Man kann entweder phänomenologisch oder von first principles in den verschiedenen Fällen herleiten, daß diese Ordnungsparameter bestimmten Gleichungen genügen, die Gewinn- und Verlustraten für die n's enthalten.

Das Entscheidende ist, daß die Gewinnrate dichteabhängig ist, d.h. sie hängt selbst ab von der Zahl der vorhandenen Spezies oder Moleküle. Betrachten Sie Vögel und nehmen sie an, daß die Gewinnrate von der Zahl der Nistplätze abhängt, dann wird die Zahl der Nistplätze kleiner, wenn andere Vogelarten schon da sind, und damit bekommen wir diese Abhängigkeit. Auch wenn wir den Vögeln alle die gleiche Anfangschance geben, können sich verschiedene Vogelarten verschieden schnell vermehren. Am Schluß bleiben nur diejenigen übrig, die sich z.B. am schnellsten vermehren können. Alle anderen sterben aus. Der Ausweg ist die ökologische Nische, aber das will ich hier nicht weiter erörtern.

Im nächsten Bild (Abb.12) will ich Ihnen zeigen, wie durch die Kooperation von verschiedenen Ordnungsparametern räumliche Gebilde zustande kommen können. Nehmen Sie z.B. die Flüssigkeitsinstabilität, so entstehen verschiedene Wellenzüge. Diese Wellen laufen in verschiedene Richtungen, und dadurch, daß drei verschiedene Ordnungsparameter da sind, können diese drei Wellen sich gegenseitig stabilisieren und bilden dann diese Hexagone. Diese gegenseitige Stabilisierung spielt eine wesentliche Rolle bei vielen Prozessen in der Morphogenese.

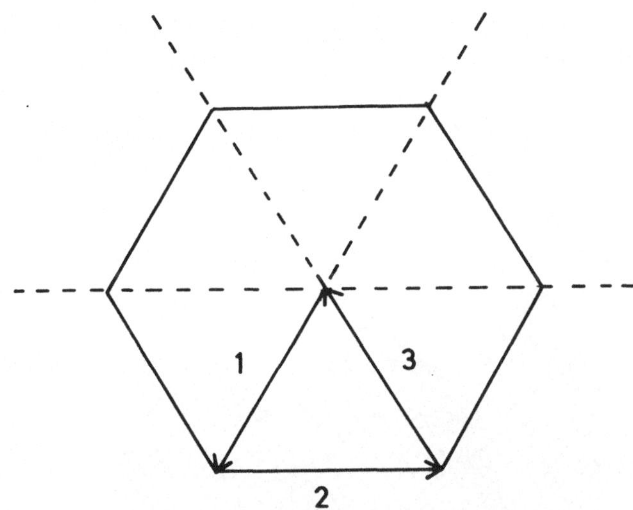

Abb.12: Drei Wellen können durch Zusammenwirken die hexagonale Struktur bei der Bénard Instabilität erzeugen.

§5 Modelle zur Morphogenese

Hierzu erinnere ich Sie an ein spezifisches Beispiel für derartige Modellvorstellungen, das Gierer-Meinhard-Modell. Wir haben allerdings gefunden, daß es große Klassen von Gleichungen gibt, die genau zu den gleichen Mustern führen. Ich will das Modell hier nur ganz kurz erläutern.
Wir betrachten eine Aktivator- und eine Inhibitorkonzentration. Die Produktion ist autokatalytisch und wird auch zum Teil inhibiert. Der Aktivator kann zerfallen und er kann diffundieren. In ähnlicher Weise wird der Inhibitor erzeugt durch den Aktivator. Auch er kann zerfallen und

diffundieren. Dieses Modell ist zunächst von Gierer und Meinhard auf
Computern behandelt worden. Wir haben das Problem jetzt analytisch mit
Methoden gelöst, die ich noch explizit vorführen werde. Betrachten wir
an einem zweidimensionalen Modell, wie die Aktivatorkonzentration sich
im Laufe der Zeit ändert. Die Idee ist, daß die noch undifferenzierten
Zellen zunächst einmal homogen Aktivatoren und Inhibitoren produzieren.
Dann fangen diese beiden Stoffe an, miteinander zu reagieren, sich um-
zuformen und zu diffundieren. Dabei können nun abhängig von den Anfangs-
bedingungen, Randbedingungen und Fluktuationen, die immer vorhanden sind,
ganz verschiedene Muster ausbilden.

In Abb.13 haben wir einen Fall für bestimmte Parameterwerte behandelt.

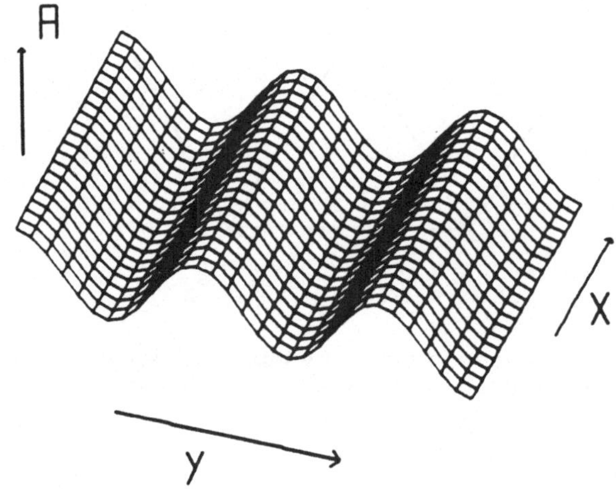

Abb.13: Ein chemisches Muster, bei dem die Aktivität sinusförmig in
         einer Richtung variiert (nach H. Haken und H. Olbrich).

Sie sehen, daß die Aktivatorkonzentrationen räumlich periodisch an- und
absteigen. Man nimmt nun an, daß an den erhöhten Stellen Zellen bzw. Gene
angeschaltet werden, zur Differenzierung der Zelle oder um Farbstoffe
zu produzieren.
In dem letzteren Fall hätte man dann ein Modell etwa für die Entstehung
von Zebrastreifen. Dort wo die Konzentration hoch ist, entstehen Zebrastreifen. Es gibt heutzutage umfangreiche Modellrechnungen dieser Art.

Im nächsten Bild (Abb.14) zeige ich Ihnen, daß sich auch ein ganz anderes Muster ausbilden kann. Dieses Bild zeigt, wenn man es genauer anschaut, ein hexagonales Muster. Es gibt sehr viele Gebilde der Natur, bei denen hexagonale Strukturen entstehen. Denken Sie etwa an Fliegenaugen.

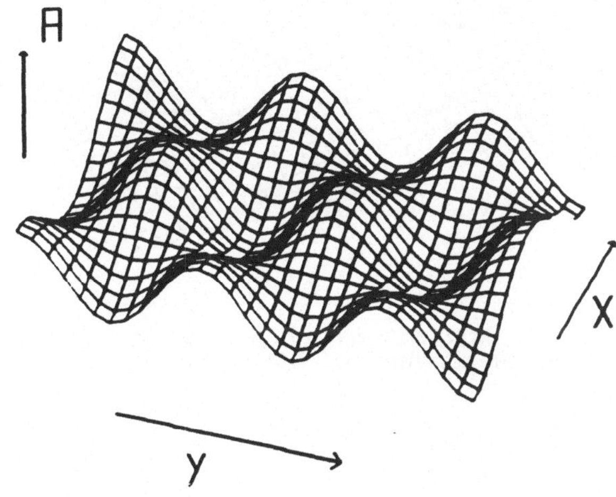

Abb.14: Ausbildung eines hexagonalen chemischen Musters. Die
         Zeit läuft von oben nach unten (nach H. Haken und H. Olbrich)

Im nächsten Bild (Abb.15) will ich zeigen, daß bei einer anderen Randbedingung sich andere Strukturen ausbilden. Solche Bilder werden heute herangezogen, um etwa die Farbmuster von Schmetterlingen zu verstehen.

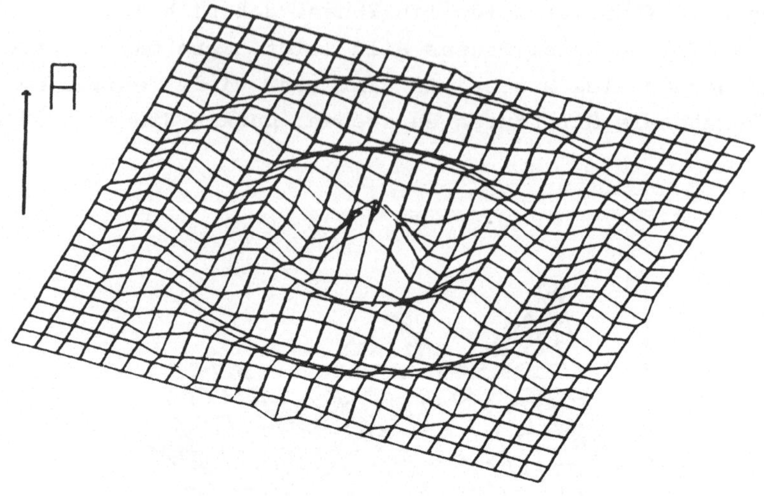

Abb.15: Ausbildung von konzentrischen Ringen der Aktivatorkonzentration (nach H. Haken und H. Olbrich).

§6 Eine Hypothese zur Deutung von drogeninduzierten Halluzinationen

Ein ganz anderes Gebiet hat sich erst kürzlich entwickelt. Als ein amerikanischer Biomathematiker, Jack COWAN, an einer unserer Tagungen über Synergetik teilnahm und von den Musterbildungen in Flüssigkeiten hörte, hatte er folgende Idee. Er hatte früher untersucht, wie das Bild von der Retina auf den Cortex übertragen wird und hatte dazu eine logarithmische Abbildungsfunktion entwickelt. Des weiteren war folgendes bekannt: Wenn Leute Drogen nehmen, dann "sehen" sie bestimmte Figuren, z.B. konzentrische Ringe oder strahlenförmige Gebilde oder Spiralen. Wenn man auf diese verschiedensten Figuren die logarithmische Abbildungsfunktion anwendet, dann findet man, daß im Neocortex einfache Streifenmuster entstehen sollten. D.h. was tatsächlich passieren sollte, wäre, daß sich im Neocortex durch die Destabilisierung durch Drogen Aktivierungszonen ausbilden, die streifenförmig angeordnet sind. Je nach Orientierung dieser streifenförmigen Gebilde entstehen dann die verschiedenen Wahrnehmungsmuster. Ich muß deutlich hinzufügen, daß dies eine Hypothese ist, aber sie könnte das räumliche Analogon bilden zu einer Erscheinung, die im Zeitbereich schon längst bekannt ist. Wenn man das EEG von Epilepsie-

Kranken untersucht, die einen Anfall haben, dann zeigt sich, daß ganz
ausgeprägt Oszillationen auftreten.
Mit diesen Ausführungen möchte ich den weniger mathematischen Teil be-
schließen.

§7 Kurze Darlegung der mathematischen Methode

Kommen wir jetzt zur Formalisierung dieser Probleme. Wir betrachten Systeme, die aus sehr vielen Teilsystemen bestehen. Diese Teilsysteme beschreiben wir durch Variable q_1 bis q_n, wobei verschiedene Variable sich
auch auf ein Teilsystem beziehen können. Diese Variablen können Zahlen
von Molekülen sein; sie können elektrische oder elektrochemische Poten-
tiale sein; sie können Neuronenaktivitäten sein und vieles andere. Diese
Variablen fassen wir zu einem Vektor $\underset{\sim}{q}$ zusammen. Im allgemeinen werden
wir annehmen, daß diese 'q's räumlich und zeitlich veränderlich sind.
Wir kommen dann zu einem raum- und zeitabhängigen Vektor $q(x(t))$. Für
eine sehr große Klasse von Erscheinungen in den Naturwissenschaften, aber
auch Biologie und Soziologie und ähnlichen Gebieten, kann man Gleichungen aufstellen (entweder in Naturwissenschaften von "first principles"
oder in der Ökologie oder Soziologie aufgrund heuristischer Annahmen)
die folgende Struktur haben.
Die zeitliche Änderung von $\underset{\sim}{q}$ ist gegeben durch eine nichtlineare Funktion, die abhängt von $\underset{\sim}{q}$ selbst. Sie kann räumliche Ableitungen enthalten, die Diffusion, Konvektion oder Wellenausbreitung erfassen. Es treten Fluktuationen auf, d.h. die Parameterwerte des Systems sind ständig
stochastischen Schwankungen ausgesetzt, und wir können das System von
außen durch Änderung von Kontrollparametern, wie z.B. Temperatur, Ener-
gie- oder Stoffzufuhr manipulieren. D.h. wir haben Systeme, die von aus-
sen homogen oder inhomogen manipulierbar sind.

Wir können auch eine Stufe weitergehen. Wir können uns komplexe Systeme
aufgebaut denken als eine Hierarchie von Systemen, wobei die Aktivität
des einen Untersystems als Kontrollparameter für das höhere hierarchi-
sche System wirkt. Wenn man diese Gleichungen mathematisch charakterisieren will, sind es nichtlineare stochastische partielle Differential-
gleichungen. Ein Spezialfall hiervon sind die in der Chemie wohlbekann-
ten Reaktions-Diffusionsgleichungen,

$$\underset{\sim}{\dot{q}} = \underset{\sim}{R}(\underset{\sim}{q}) + D\Delta\underset{\sim}{q} + \underset{\sim}{F}(t),$$

wobei R die nichtlinearen Reaktionen DΔq die Diffusion und F die Fluktuationen wie spontaner Zerfall oder Entstehung eines Moleküls beschreiben.

Die obengenannten Gleichungen sind sehr kompliziert und sie umfassen
fast die ganze Welt, aber sicher nicht ganz, da die Quantentheorie existiert. Es gibt eine sehr große Lösungsmannigfaltigkeit. An dieser Stelle kommt eine Idee herein, die ich an den Anfang meines Vortrags stellte,
als ich von den Fischen und der embryonalen Entwicklung sprach. Wir wollen uns nämlich auf solche Situationen beschränken, wo wir qualitative
Änderungen vor uns haben. Und wir nehmen an, daß die qualitativen Änderungen induziert werden durch eine Änderung der Kontrollparameter.
Wir nehmen also an, daß wir schon eine Lösung für einen Kontrollparame-
terwert α_0 gefunden haben. Diese Lösung bezeichnen wir mit q_0. In vielen
Fällen kann man diese Lösung fortsetzen für andere Parameterwerte α.
Allerdings ist nicht gesagt, daß diese neue Lösung, die nun gewissermaßen eine Deformation der alten Lösung bedeutet, stabil ist. Wir wollen
vielmehr annehmen, daß zwar diese neue Lösung auch der alten Gleichung
genügt, was in vielen Fällen der Fall ist, aber wir wollen eine Situation betrachten, wo das Lösungsverhalten instabil wird. Wir wollen also
eine strukturelle Instabilität untersuchen. Wir machen dies in einer
Weise, die keineswegs neu ist, indem wir linearisieren. Wir fügen zu
dem q_0 ein w hinzu und setzen dieses $q = q_0 + w$ in die ursprüngliche
nichtlineare Gleichung ein und bekommen dann als linearisierte Gleichung

$$\dot{w} = Lw$$

wobei L ein linearer Operator ist.

Wir wollen drei Klassen von Lösungen herausgreifen. q_0 kann zeitlich
konstant sein, periodisch oder quasi-periodisch, d.h. es kann mehrere
Frequenzen in sich enthalten. Nachdem L von q_0 abhängt, wird L die gleichen Eigenschaften haben wie q_0. Es ist altbekannt, wie die Lösungen
aussehen, wenn L konstant oder periodisch ist.

1)   L = const: $w = e^{t\lambda} \cdot v$,   wobei v = const

2)   L = periodisch: wobei 'v' im Falle der Nichtentartung der 'λ'
                                    periodisch ist (Floquetsches Theorem).

In der Literatur findet man wenig über quasi-periodische Fälle. Ich habe
dies inzwischen untersucht und festgestellt, daß man für große Klassen
von Gleichungen auch hier wieder diesen Ansatz machen kann, wobei 'v'
dann selbst quasi-periodisch ist.

Diese 'w's bilden eine vollständige Basis des Lösungssystems. Wir können 'q' darstellen als die alte Lösung plus Vektor, der aus den 'v' mit
noch unbekannten Amplituden '$\xi(t)$' aufgebaut ist. Dies gilt zumindest für
den ersten Fall. In den anderen müssen wir noch etwas allgemeiner beim
Ansatz sein. Wenn endliche Randbedingungen vorliegen, dann sind die Amplituden 'ξ' nur von der Zeit abhängig. Im anderen Fall, bei unendli-
chen Randbedingungen, muß man Wellenpakete aufbauen, oder Eigendiffe-
rentiale nehmen. Die 'ξ' werden dann langsam veränderliche Funktionen
des Ortes (und der Zeit). Man setzt diesen Ansatz in die ursprünglichen
nichtlinearen Gleichungen ein und erhält Gleichungen für die ξ's, die
die Gestalt haben

$$\dot{\xi}_j = \lambda_j \cdot \xi_j + \text{nichtlineare Glieder}$$

Die charakteristischen Exponenten λ_j hängen von dem Kontrollparameter
ab. Ändern wir diesen, so können einige der λ_j einen positiven Realteil
erhalten. Diese nennen wir λ_u und die zugehörigen v's, v_u (u = "unstable").
Die λ's, die noch stabil sind, nennen wir λ_s und die zugehörigen v, v_s.
D.h. unser ganzes System zerfällt nun in zwei Klassen.

Diese Klassen sehen folgendermaßen aus:

(Instabile) $\dot{\xi}_u = \lambda_u \cdot \xi_u$ (1)
                plus einer nicht-linearen Funktion, die ab-
                hängt von ξ_u, ξ_s und die noch stochastisch ist.

Die ganze Stochastizität ist noch voll in der Entwicklung enthalten.

(Stabile) $\xi_s = \lambda_s \cdot \xi_s$ (2)
                plus einer nicht-linearen Funktion, wiederum
                stochastisch.

Hier kommt nun die Analogie zum Laser herein. Ist der Realteil von λ_u
klein, so ist - von Oszillationen abgesehen - ξ_u eine langsam veränderliche Größe, während ξ_s noch immer rasch abklingt (zumindest in der Li-

nearisierung). Dann kann man mathematisch exakt zeigen, daß man, selbst im stochastischen Fall, die ξ_s durch die ξ_u ausdrücken kann. Das ist das Versklavungsprinzip, das besagt: Untersysteme, die rasch adaptieren, werden in ihrem Verhalten eindeutig und instantan durch die ξ_u, die Ordnungsparameter, bestimmt, wobei die Fluktuationen, die in dem System sind, sich auf diese Funktion $\xi_s = \xi_s(\xi_u, t)$ übertragen.

Wenn ich die ξ_s durch die ξ_u ausdrücken kann, dann kann ich auf die Gleichungen (2) verzichten. Es ergibt sich eine geschlossene Gleichung für die ξ_u. Wir haben sehr viele Beispiele aus den verschiedensten Gebieten durchgerechnet. Es zeigt sich immer wieder, daß die meisten ξ_s-Variablen versklavt sind und nur ganz wenige kollektive Variable ξ_u dominieren. D.h., das Verhalten von Systemen an den Umschlagpunkten, bei denen die ursprüngliche Stabilität verlorengeht, wird durch sehr wenige Freiheitsgrade bzw. Ordnungsparameter regiert.
Das ist der Grund, daß diese ganzen Phänomene so einheitlich ablaufen. Immer wieder treten die gleichen Ordnungsparameter auf und interessanterweise immer die gleichen Typen von Gleichungen, die von diesen Ordnungsparametern erfüllt werden. Ein qualitativer Hinweis, warum nur so wenige Freiheitsgrade in Erscheinung treten, findet sich im folgenden.

Wenn Sie den Realteil der verschiedenen 'λ' auftragen in Abhängigkeit vom Kontrollparameter α, dann finden Sie, daß nacheinander verschiedene Moden instabil werden. Aber bei einem bestimmten Punkt sind nur ein oder zwei oder wenige Moden instabil, alle anderen sind noch stabil. Das ist der Grund warum wir diese Einheitlichkeit im Verhalten in verschiedenen Systemen haben, obwohl die Systeme völlig unterschiedlich sind.

Ich will nicht verschweigen, daß ich Ihnen nur die Spitze eines Eisbergs vorgeführt habe. Natürlich muß man noch genauer die Ordnungsparameter-Gleichung untersuchen. Man kann sie auf gewisse Normalformen bringen und man kann Methoden der Stochastik oder statistischen Physik anwenden, um diese Gleichungen zu lösen.

§8 Das allgemeine Schema

Betrachten wir zum Schluß das allgemeine Schema, um das es sich hier
handelt. Wir haben anfänglich eine alte 'Struktur', ein ungeordnetes
Gebilde vor uns. Dieses 'Chaos' wird instabil. Die einzelnen Fluktuationen werden immer größer. Indem wir äußere Parameter ändern, wird
eine Instabilität erzeugt, und schließlich entsteht eine neue geordnete Struktur. Die alte Struktur wird dadurch instabil, daß nur ganz
bestimmte kollektive Bewegungsformen instabil werden. Alle anderen Bewegungsformen bleiben stabil. Damit wird es möglich, das Versklavungsprinzip anzuwenden. Versklavungsprinzip bedeutet, daß wir die stabilen
Bewegungsformen durch die instabilen ersetzen können. Die 'instabilen'
Moden oder Bewegungsformen bilden die Ordnungsparameter. Dabei bezieht
sich der Ausdruck 'instabil' nur auf die lineare Stabilitätsanalyse.
Die Gleichungen, die wir dann für die Ordnungsparameter finden, sind
nichtlinear. Diese garantieren dann in vielen Fällen wieder eine Stabilisierung. Durch den Umweg über die stabilen Moden werden auch die
sogenannten instabilen Moden wieder stabil. Man findet die gleichen
Gleichungen für ganz verschiedene Systeme, d.h. die verschiedensten Un-
ordnungs- und Ordnungsübergänge werden durch genau die gleichen mathematischen Vorgänge bzw. Prinzipien reguliert.

Man kann das ganze Spiel weiter fortsetzen. Wenn ich wieder die äußeren Bedingungen, die Kontrollparameter ändere, treten neue Instabili-
täten auf. Man kann so ganze Hierarchien durchlaufen, wobei immer kompliziertere Strukturen in den verschiedensten Gebieten, sei es Flüssigkeitsdynamik, Laser oder Biologie, entstehen.

LITERATURHINWEISE

HAKEN, H.: Synergetik. Eine Einführung, Springer-Verlag 1982.
HAKEN, H.: Erfolgsgeheimnisse der Natur. Synergetik: Die Lehre vom
        Zusammenwirken, DVA 1981.

<u>VERSUCHSPLANUNG FÜR LINEARE REGRESSIONSMODELLE</u>

N. Gaffke

Institut für Statistik und Wirtschaftsmathematik

RWTH Aachen

D-5100 Aachen, Wüllnerstraße 3

1. <u>Einleitung</u>

Eine Problemstellung, die in verschiedenen Wissenschaften und ihren An-
wendungsgebieten häufig auftritt, ist die Frage nach der funktionalen
Abhängigkeit (Regression) einer (reellen) Meßgröße y von einer Einfluß-
größe x. Dabei kann es sich etwa in der Medizin um eine Dosis-Wirkung-
Beziehung handeln, wenn x die Stärke der Dosis z.B. eines blutdrucksenkenden Medikaments und y die auftretende Wirkung (Blutdrucksenkung) sind.
In der Agrikultur kann die Abhängigkeit des Pflanzenertrags y von der
aufgewendeten Menge x des Düngemittels interessieren. Oder bei einem
chemischen Prozeß kann die Ausbeute y eines Reaktionsprodukts bei Va-
riation von Prozeßbedingungen wie Temperatur, Druck, Feuchtigkeit, Ein-
strömgeschwindigkeit eines gasförmigen Reaktionspartners studiert werden. Im letzteren Fall wäre x mehrdimensional entsprechend der Berück-
sichtigung mehrerer (quantitativer) Einflußfaktoren. Natürlich lassen
sich auch die anderen Beispiele durch Einbeziehung weiterer Einflüsse
erweitern: Für die Wirkung eines blutdrucksenkenden Medikaments sind
Körpergewicht und Alter des Patienten wichtig. Bei der Bodendüngung mag
der verwendete Dünger aus verschiedenen Komponenten bestehen, deren Anteile variiert werden können.

Nur selten läßt sich die exakte Regressionsfunktion $y(x)$ aufgrund ge-
sicherter Gesetzmäßigkeiten theoretisch herleiten. In den meisten Fällen, wie auch in den oben angedeuteten Beispielen, ist die Regressionsfunktion teilweise oder völlig unbekannt. Die Erforschung des Funktions-
verlaufs ist dann Aufgabe eines Experiments, in dem Messungen der Regressionsfunktion in gewissen Versuchspunkten $x_1, \ldots, x_n$ vorgenommen werden. Eine Messung der Regressionsfunktion im Punkt x ist dabei statistisch zu interpretieren: Als Realisation einer Zufallsvariablen Y_x, die
aufgrund von unkontrollierbaren Zufallseinflüssen vom wahren Wert $y(x)$
abweichen kann, diesen aber im statistischen Mittel trifft (der Erwartungswert von Y_x ist gleich $y(x)$). Die Versuchspunkte $x_1, \ldots, x_n$ sind im

Unterschied zu den Messungen $Y_1,\ldots,Y_n$ exakt kontrollierbar (ohne Zu-
fallsfehler) innerhalb eines Versuchsbereichs $\mathcal{X}$. Die Wahl des Versuchsplans (design) $d = (x_1,\ldots,x_n)$ ist Gegenstand der Versuchsplanung vor
der Durchführung des Experiments.

Natürlich lassen sich Planung und Analyse des Experiments nur unter zusätzlichen Annahmen auf ein solides mathematisches Fundament stellen.
Bei völliger Unkenntnis der Regressionsfunktion läßt sich keine mathematische Theorie entwickeln für das Problem, den Funktionsverlauf $y(x)$,
$x \in \mathcal{X}$ (mit unendlichem $\mathcal{X}$), statistisch zu erfassen aufgrund endlich vie-
ler Messungen (außer einer asymptotischen Theorie). Der mathematischen
Behandlung eher zugänglich ist ein parametrischer Regressionsansatz

$$(1.1) \qquad y(x) = \eta(x,a),$$

wobei $a = (a_1,\ldots,a_k)^T \in \mathbb{R}^k$ ein unbekannter Parametervektor (hier als
Spaltenvektor geschrieben) und η eine bekannte Funktion auf $\mathcal{X} \times \mathbb{R}^k$ sind.
In (1.1) ist das Problem der unbekannten Regressionsfunktion auf endlich
viele unbekannte Parameter reduziert. Eine für die mathematische Theorie
angenehme Situation entsteht bei einem linearen Regressionsansatz (linear bezüglich $a = (a_1,\ldots,a_k)^T$),

$$(1.2) \qquad y(x) = a^T f(x) = \sum_{j=1}^{k} a_j f_j(x),$$

wobei $f_1,\ldots,f_k$ bekannte Funktionen auf $\mathcal{X}$ sind, und
$f(x) := (f_1(x),\ldots,f_k(x))^T$. Für lineare Regressionsmodelle steht eine
entwickelte Theorie der Planung und Analyse des Experiments zur Verfü-
gung (s. z.B. KRAFFT (1978), SILVEY (1980)). Andererseits ist die Klasse der Ansätze (1.2) hinreichend groß, um einen weiten Bereich der Anwendungen abzudecken. Das mag auch von einem mehr theoretischen Stand-
punkt her verständlich sein, da beispielsweise im Fall einer reellen
Variablen x jede hinreichend glatte Regressionsfunktion $y(x)$ durch ein
Polynom $a_o + a_1 x + \ldots + a_m x^m$ approximiert werden kann.

Ähnliches gilt für eine mehrdimensionale Variable x oder für periodische
Regressionsfunktionen (Entwicklung in Fourier-Reihen). Zum Verhältnis
der Ansätze (1.1) mit einem bezüglich a nicht-linearen η und (1.2) sei
angemerkt, daß (1.2) als lokale Approximation erster Ordnung von (1.1)
aufgefaßt werden kann (vgl. FEDOROV (1980), p. 425): Ist man in der Lage,

den Bereich des Parametervektors a auf eine kleine Umgebung eines Punktes a^O zu beschränken, so liefert die Taylor-Approximation erster Ordnung

$$\eta(x,a) \approx \eta(x,a^O) + \sum_{j=1}^{k} \frac{\partial \eta(x,a)}{\partial a_j}\Bigg|_{a=a^O} \cdot (a_j - a_j^O)$$

einen Ansatz (1.2) für $\eta(x,a) - \eta(x,a^O)$ mit $f_j(x) = \dfrac{\partial \eta(x,a)}{\partial a_j}\Big|_{a=a^O}$ und Parametern $a_j' = a_j - a_j^O$.

Klassische Beispiele für lineare Regressionsansätze (1.2) sind die folgenden:

(1.3)   Polynomiale Regression vom Grad m:

$$y(x) = a_O + a_1 x + \ldots + a_m x^m,$$

x $\in$ I ein kompaktes Intervall der Zahlengeraden;

$$k = m + 1, \quad a = (a_O, a_1, \ldots, a_m)^T,$$

$$f(x) = (1, x, \ldots, x^m)^T.$$

(1.4)   Trigonometrische Regression vom Grad r:

$$y(x) = a_O + \sum_{j=1}^{r} b_j \sin(2\pi jx) + \sum_{j=1}^{r} c_j \cos(2\pi jx), \quad x \in [0,1];$$

$$k = 2r + 1, \quad a = (a_O, b_1, \ldots, b_r, c_1, \ldots, c_r)^T,$$

$$f(x) = (1, \sin 2\pi x, \ldots, \sin 2\pi rx, \cos 2\pi x, \ldots, \cos 2\pi rx)^T.$$

(1.5)   Quadratische multiple Regression auf einem v-dimensionalen Intervall:

$$y(x) = a_O + \sum_{j=1}^{v} b_j \xi_j + \sum_{j=1}^{v} c_j \xi_j^2 + \sum_{1 \leq i < j \leq v} d_{ij} \xi_i \xi_j ,$$

$$x = (\xi_1, \ldots, \xi_v) \in I_1 \times \ldots \times I_v ,$$

$I_1, \ldots, I_v$ kompakte Intervalle der Zahlengeraden;

$$k = \frac{1}{2}(v+1)(v+2), \quad a = (a_O, b_1, \ldots, b_v, c_1, \ldots, c_v, d_{12}, \ldots, d_{v-1,v})^T$$

$$f(x) = (1, \xi_1, \ldots, \xi_v, \xi_1^2, \ldots, \xi_v^2, \xi_1 \xi_2, \ldots, \xi_{v-1} \xi_v)^T.$$

(1.6)   Quadratische multiple Regression auf dem Einheitssimplex:

$$y(x) = \sum_{j=1}^{v} b_j \xi_j + \sum_{1 \le i < j \le v} c_{ij} \xi_i \xi_j \ ,$$

$$x = (\xi_1, \ldots, \xi_v) \in S_v \ \text{mit}$$

$$S_v := \{x \in \mathbb{R}^v : \xi_i \ge 0, \ i = 1, \ldots, v, \ \sum_{j=1}^{v} \xi_j = 1\};$$

$$k = \tfrac{1}{2} v(v+1), \ a = (b_1, \ldots, b_v, c_{1,2}, \ldots, c_{v-1,v})^T,$$

$$f(x) = (\xi_1, \ldots, \xi_v, \xi_1 \xi_2, \ldots, \xi_{v-1} \xi_v)^T.$$

Erweiterungen von (1.3), (1.4) auf mehrere Dimensionen finden sich in
FARRELL, KIEFER, WALBRAN (1967), ATWOOD (1969), HOEL (1965). Die Ansätze (1.5) und (1.6) stellen Erweiterungen von (1.3) mit $m = 2$ auf mehrere Dimensionen dar. Für (1.5) können auch andere Versuchsbereiche von
Interesse sein, zum Beispiel Kugeln oder Ellipsoide. Der Versuchsbereich S_v in (1.6) tritt bei Mischungsexperimenten auf (s. SCHEFFÉ (1958),
wo z.B. ξ_i den relativen Anteil der Substanz Nummer i an der Gesamtmi-
schung bedeutet.

In Abschnitt 2 werden grundlegende Konzepte der optimalen Versuchsplanung für lineare Regressionsmodelle dargestellt. Ausgangspunkt ist ein
als wahr unterstellter Regressionsansatz (1.2). Zum Beispiel für Ansätze (1.3), (1.4) impliziert das die Festlegung des Grades m bzw. r vor
der Planung und Durchführung des Experiments. Konzepte, die eine gewisse Unsicherheit des Ansatzes berücksichtigen, finden sich in BOX, DRAPER
(1959), (1963), STIGLER (1971). Die Wahl der Versuchspunkte $x_1, \ldots, x_n$,
wobei die Anzahl n der Messungen der Einfachheit halber als gegeben vorausgesetzt wird, beeinflußt die Effizienz (Genauigkeit) der statistischen Verfahren der Analyse des Experiments. Die Steigerung der Effizienz (bei gleichbleibendem experimentellen Aufwand) ist das Ziel der
optimalen Versuchsplanung. Das wird in Abschnitt 2 genauer erläutert
für die linearen, erwartungstreuen Parameterschätzungen und für das Testen linearer Hypothesen (letzteres unter Normalverteilungsannahme). Die
Konzepte der "Zulässigkeit" und "vollständigen Klassen" (von Versuchsplänen) und die gebräuchlichsten Optimalitätskriterien werden disku-
tiert. In Abschnitt 3 wird die approximative Theorie der Versuchsplanung

eingeführt, die eine Bewältigung der schweren Optimierungsprobleme in
vielen Fällen ermöglicht. Probleme der Konstruktion exakter optimaler
Pläne aus approximativen Lösungen werden am Beispiel der D-Optimalität
erläutert.

2. Informationsmatrizen, Löwner-Halbordnung und Optimalitätskriterien

Zugrunde liege eine linearer Regressionsansatz (1.2). Eine Messung im
Punkt $x \in \mathcal{X}$ wird durch eine reelle Zufallsvariable Y_x repräsentiert mit

$$(2.1) \qquad EY_x = a^T f(x), \qquad \mathrm{Var}\, Y_x = \sigma^2,$$

wobei $\sigma^2 > 0$ unbekannt oder bekannt sein kann und unabhängig von $x \in \mathcal{X}$
(und von $a \in \mathbb{R}^k$) ist. Ein etwas allgemeinerer Ansatz für die Varianz
wäre $\mathrm{Var}\, Y_x = \sigma^2 / \lambda(x)$ mit einer bekannten Präzisionsfunktion $\lambda(\cdot) > 0$
auf $\mathcal{X}$, der sich jedoch durch Transformation der Beobachtungen

$$Y_x' = \sqrt{\lambda(x)} \cdot Y_x$$

und der Funktionen

$$f_j'(x) = \sqrt{\lambda(x)} \cdot f_j(x), \quad 1 \leq j \leq k,$$

auf (2.1) zurückführen läßt.

Verschiedene Messungen (möglicherweise im gleichen Punkt x) seien als
unkorreliert vorausgesetzt. Ein (exakter) Versuchsplan (design) vom Um-
fang n ist ein n-Tupel $d = (x_1, \ldots, x_n)$ von Punkten $x_i \in \mathcal{X}$. Zwei Versuchspläne $d = (x_1, \ldots, x_n)$ und $d' = (x_1', \ldots, x_n')$, die durch Permutation der
Punkte auseinander hervorgehen, $x_i' = x_{\pi(i)}$, $1 \leq i \leq n$, für eine Permutation π, sollen als gleich betrachtet werden (die Reihenfolge der Messungen ist unwichtig). Sind $\bar{x}_1, \ldots, \bar{x}_r$ die verschiedenen Punkte unter
den $x_1, \ldots, x_n$, so heißt $\mathrm{supp}(d) = \{\bar{x}_1, \ldots, \bar{x}_r\}$ der Träger (support) von
$d = (x_1, \ldots, x_n)$. Die Häufigkeiten $n_1, \ldots, n_r$, mit denen $\bar{x}_1, \ldots, \bar{x}_r$ in d
auftreten, heißen Gewichte. Jeder Versuchsplan $d = (x_1, \ldots, x_n)$ ist voll-
ständig durch seinen Träger und seine Gewichte beschrieben

$$d = \begin{pmatrix} \bar{x}_1, \ldots, \bar{x}_r \\ n_1, \ldots, n_r \end{pmatrix}. \text{ Mit } \Delta_n \text{ sei die Menge aller Versuchspläne vom Umfang } n$$

bezeichnet, wobei $n \in \mathbb{N}$ gegeben sei (meist ist $n > k$). Bezeichnen $Y_{d1}, \ldots, Y_{dn}$ die Messungen unter dem Versuchsplan $d = (x_1, \ldots, x_n) \in \Delta_n$, so gilt nach (2.1) und der Unkorreliertheitsannahme

$$EY_{di} = a^T f(x_i), \quad VAR\, Y_{di} = \sigma^2, \quad 1 \leq i \leq n,$$

$$Cov\,(Y_{di}, Y_{dh}) = 0, \quad 1 \leq i,h \leq n, \quad i \neq h,$$

oder in Matrixschreibweise

$$(2.2) \qquad EY_d = X_d a, \quad Cov\, Y_d = \sigma^2 I_n,$$

mit $Y_d = (Y_{d1}, \ldots, Y_{dn})^T$, $X_d = (f_j(x_i))_{\substack{1 \leq i \leq n \\ 1 \leq j \leq k}}$, $I_n = $ n-dimensionale Einheitsmatrix.

Eine zentrale Rolle für den Vergleich verschiedener Versuchspläne spielt die Informationsmatrix

$$(2.3) \qquad M_d = X_d^T X_d.$$

Offensichtlich ist M_d eine nichtnegativ definite $(k \times k)$-Matrix, d.h. M_d ist symmetrisch und $z^T M_d z \geq 0$ für alle $z \in \mathbb{R}^k$. Die Effizienz statistischer Entscheidungsverfahren in (2.2) für den unbekannten Parametervektor a ist durch die Informationsmatrix M_d des Versuchsplans $d \in \Delta_n$ bestimmt.

Beispiel (2.1)   (c-Optimalität)

Zu schätzen sei die lineare Funktion

$$c^T a = \sum_{j=1}^{k} c_j a_j \quad \text{mit gegebenem } c = (c_1, \ldots, c_k)^T \in \mathbb{R}^k,$$

und es werde unter $d \in \Delta_n$ in (2.2) der Gauß-Markov-Schätzer $c^T \hat{a}_d$ verwendet. Dabei bezeichnet $\hat{a}_d$ eine Kleinste-Quadrat-Schätzung (KQS) für a, die sich bekanntlich als Lösung der Normalgleichung $M_d \hat{a}_d = X_d^T Y_d$ berechnet. Offensichtlich ist $\hat{a}_d$ nur im Fall einer regulären Informationsmatrix M_d eindeutig bestimmt. Ist M_d singulär, und gilt aber

$$(2.4) \qquad c \in \mathcal{R}(M_d) := \{M_d z \ : \ z \in \mathbb{R}^k\} \ ,$$

dann ist $c^T \hat{a}_d$ eindeutig bestimmt (also unabhängig von der Wahl der KQS $\hat{a}_d$), und $c^T \hat{a}_d$ ist der beste lineare erwartungstreue Schätzer unter d für $c^T a$ (im Sinne minimaler Varianz). Ist (2.4) nicht erfüllt, so ist der Schätzer $c^T \hat{a}_d$ willkürlich, so daß sich ein solcher Versuchsplan d 'nicht zur Schätzung von $c^T a$ eignet. Die Versuchspläne $d \in \Delta_n$ mit (2.4) lassen sich durch die Varianzen der Gauß-Markov-Schätzer vergleichen. Es gilt

$$\text{Var } c^T \hat{a}_d = \sigma^2 c^T M_d^- c \ ,$$

wobei M_d^- eine generalisierte Inverse von M_d bezeichnet (d.h. eine Lösung von $M_d M_d^- M_d = M_d$). Ein optimaler Versuchsplan $d^* \in \Delta_n$ zur Schätzung der linearen Funktion $c^T a$ (c-optimaler Versuchsplan) ist eine Lösung von

$$c^T M_{d*}^- c = \min_{d \in \Delta_n} c^T M_d^- c \ ,$$

mit der Konvention $c^T M_d^- c := \infty$, falls $c \notin \mathcal{R}(M_d)$.

Nun sind Fälle selten, in denen man nur an einer einzelnen linearen Funktion $c^T a$ interessiert ist. Wünschenswert wäre ein Versuchsplan $d^* \in \Delta_n$, der c-optimal ist für möglichst viele $c \in \mathbb{R}^k$, d.h. der

$$(2.5) \qquad \mathcal{R}(M_d) \subseteq \mathcal{R}(M_{d*}) \ ,$$

$$c^T M_d^- c \geq c^T M_{d*}^- c \quad \text{für alle } c \in \mathcal{R}(M_{d*})$$

erfüllt jedes $d \in \Delta_n$.

Mit Hilfe der quasi-linearen Darstellung (s. GAFFKE, KRAFFT (1982a), COROLLARY 2.14),

$$c^T M^- c = \sup_z \{2z^T c - z^T M z\}, \ c \in \mathcal{R}(M) \ ,$$

für eine nichtnegativ definite Matrix M, erhält man die Äquivalenz von (2.5) und

$$(2.6) \qquad M_d \leq M_{d^*},$$

wobei "$\leq$" die Löwner-Halbordnung auf der Menge der symmetrischen $(k \times k)$-Matrizen ist (d.h. $M_1 \leq M_2$ genau dann, wenn $M_2 - M_1$ nichtnegativ definit ist). Ein Versuchsplan $d^* \in \Delta_n$, der (2.6) für alle $d \in \Delta_n$ erfüllt, heißt U-optimal in Δ_n (U = uniformly). (2.6) hat auch für andere statistische Fragestellungen und Verfahren starke Konsequenzen. Grob gesagt, impliziert (2.6) die größere Effizienz unter d^* der meisten statistischen Entscheidungsverfahren für den Parametervektor a, (vgl. KIEFER (1959), p. 286). So ist es nicht erstaunlich, daß in den meisten Fällen U-optimale Versuchspläne nicht existieren. Abgeschwächte Konzepte, die weiterhin auf der Löwner-Halbordnung der Informationsmatrizen basieren, sind die Konzepte der "Zulässigkeit" und "vollständigen Klassen" (von Versuchsplänen), die den gleichlautenden Begriffen der statistischen Entscheidungstheorie nachgebildet sind.

Definition (2.1)

Ein Versuchsplan $d_o \in \Delta_n$ heißt zulässig, wenn es kein $d \in \Delta_n$ gibt mit $M_{d_o} \leq M_d$ und $M_{d_o} \neq M_d$. Eine Menge $\Delta_n' \subset \Delta_n$ heißt vollständig, wenn es zu jedem $d \in \Delta_n \backslash \Delta_n'$ ein $d' \in \Delta_n'$ gibt mit $M_d \leq M_{d'}$ und $M_d \neq M_{d'}$.

Die Aufgabe, eine möglichst kleine vollständige Klasse Δ_n' zu bestimmen, ist eng verknüpft mit der Charakterisierung der zulässigen Versuchspläne. Unter der Standardvoraussetzung, daß der effektive Versuchsbereich $f(\mathfrak{X})$ kompakt ist, besteht folgender Zusammenhang:

Lemma (2.1)

Sei $f(\mathfrak{X}) = \{f(x) = (f_1(x), \dots, f_k(x))^T : x \in \mathfrak{X}\}$ kompakt. Dann ist die Menge Δ_n^o aller zulässigen Versuchspläne die kleinste vollständige Klasse, d.h. Δ_n^o ist vollständig, und jede andere vollständige Klasse Δ_n' umfaßt Δ_n^o.

Für den polynomialen Ansatz (1.3) ergibt sich aus (2.2) und (2.3) für die Informationsmatrix von $d = (x_1, \ldots, x_n) \in \Delta_n$

$$(2.7) \qquad M_d = \left(\sum_{h=1}^{n} x_h^{i+j} \right)_{0 \le i, j \le m} .$$

Die Löwner-Halbordnung auf der Menge dieser Matrizen läßt sich einfach charakterisieren (KIEFER (1959), Lemma 3.5):

Lemma (2.2)

Seien $M = (\mu_{i+j})_{0 \le i, j \le m}$, $N = (\nu_{i+j})_{0 \le i, j \le m}$, mit reellen Zahlen $\mu_0, \ldots, \mu_{2m}$ und $\nu_0, \ldots, \nu_{2m}$, und es gelte $\mu_0 = \nu_0$. Dann gilt $M \le N$ genau dann, wenn

$$\mu_t = \nu_t, \quad 1 \le t \le 2m - 1, \quad \mu_{2m} \le \nu_{2m} .$$

Nach (2.7) ist daher für die polynomiale Regression (1.3) ein Versuchsplan $\bar{d} = (\bar{x}_1, \ldots, \bar{x}_n) \in \Delta_n$ genau dann zulässig, wenn

$$\sum_{h=1}^{n} \bar{x}_h^{2m} = \max \left\{ \sum_{h=1}^{n} x_h^{2m} : x_1, \ldots, x_n \in I, \ \sum_{h=1}^{n} x_h^t = \sum_{h=1}^{n} \bar{x}_h^t, \ 1 \le t \le 2m-1 \right\} .$$

Durch Anwendung der klassischen Methode der Lagrange-Multiplikatoren erhält man daraus:

Satz (2.1)

Für die polynomiale Regression (1.3) auf $I = [\alpha, \beta]$ gilt: Wenn $\bar{d} \in \Delta_n$ zulässig ist, dann ist

$$|\mathrm{supp}(\bar{d}) \cap (\alpha, \beta)| \le 2m - 1 .$$

Folglich ist die Menge

$$\Delta_n' = \{ d' \in \Delta_n : |\mathrm{supp}(d') \cap (\alpha, \beta)| \le 2m - 1 \}$$

vollständig.

Als Konsequenz von Satz (2.1) ergibt sich zum Beispiel, daß für (1.3) der Versuchsplan $d = (x_1, \ldots, x_n)$ mit äquidistant verteilten Punkten $x_i = \alpha + (\beta - \alpha)(i-1)/(n-1)$, $1 \leq i \leq n$, unzulässig ist, falls $n > 2m + 1$; dann existiert also ein $d' \in \Delta_n'$ mit $M_d \leq M_{d'}$, $M_d \neq M_{d'}$.

Betrachten wir nun den Einfluß des Versuchsplans auf die Güte der Standardtests (F-Test, χ^2-Test) der Varianzanalyse für lineare Hypothesen.

Beispiel (2.2)   (Testen linearer Hypothesen unter Normalverteilungsannahme)

In (2.2) sei Y_d multivariat normalverteilt, $Y_d \sim N(X_d a, \sigma^2 I_n)$, für jedes $d \in \Delta_n$. Wir betrachten das Testproblem

$$(2.8) \qquad H : Ka = b \qquad \text{gegen} \qquad \mathbb{C}H : Ka \neq b$$

mit einer gegebenen $(s \times k)$-Matrix K vom Rang s und einem gegebenen $b \in \mathbb{R}^s$. Genauer gesagt handelt es sich bei den Hypothesen in (2.8) um die Verteilungsklassen

$$H_d = \{N(X_d a, \sigma^2 I_n) : a \in \mathbb{R}^k, Ka = b, \sigma^2 > 0 \text{ bzw. } \sigma^2 = \sigma_o^2\},$$

$$\mathbb{C}H_d = \{N(X_d a, \sigma^2 I_n) : a \in \mathbb{R}^k, Ka \neq b, \sigma^2 > 0 \text{ bzw. } \sigma^2 = \sigma_o^2\},$$

wobei $\sigma^2 > 0$ bzw. $\sigma^2 = \sigma_o^2$ bei unbekannter bzw. bei bekannter Varianz. (2.8) stellt nur dann ein sinnvolles Entscheidungsproblem dar, wenn $H_d \cap \mathbb{C}H_d = \phi$. Diese Bedingung ist algebraisch charakterisiert durch

$$(2.9) \qquad \mathcal{R}(K^T) \subset \mathcal{R}(M_d).$$

Im Fall der unbekannten Varianz muß zusätzlich verlangt werden, daß die effektive Anzahl der unbekannten Parameter nicht größer als die Anzahl der Beobachtungen ist, d.h.

$$(2.10) \qquad r_d + 1 \leq n, \quad \text{wobei } r_d = \text{rank}(M_d).$$

Für $d \in \Delta_n$ mit (2.9), und bei unbekannter Varianz auch mit (2.10), seien $F_{d,\alpha,H}$ der F-Test zum Niveau α für H bzw. bei bekannter Varianz $\chi^2_{d,\alpha,H}$ der χ^2-Test zum Niveau α für H, wobei die Fehlerwahrscheinlichkeit erster Art $\alpha \in (0,1)$ vorgegeben sei. Für die Gütefunktionen gilt, (siehe KRAFFT (1978), Satz 20.1),

$$(2.11) \qquad \beta(F_{d,\alpha,H}|a,\sigma^2) = g_{s,r_d,\alpha}(\sigma^{-2}(Ka-b)^T(KM_d^-K^T)^{-1}(Ka-b)),$$

$$(2.12) \qquad \beta(\chi^2_{d,\alpha,H}|a) = h_{s,\alpha}(\sigma_o^{-2}(Ka-b)^T(KM_d^-K^T)^{-1}(Ka-b)),$$

mit isotonen Funktionen $g_{s,r_d,\alpha}(\cdot)$ und $h_{s,\alpha}(\cdot)$. Die Güte dieser Tests ist also durch die "Größe" der Matrix $(KM_d^-K^T)^{-1}$ bestimmt. Wünschenswert wäre wieder ein $d^* \in \Delta_n$, das die zu (2.6) analoge Bedingung

$$(2.13) \qquad (KM_d^-K^T)^{-1} \leq (KM_{d^*}^-K^T)^{-1}$$

für alle $d \in \Delta_n$ mit (2.9), (2.10) erfüllt. (2.13) impliziert wegen (2.11), (2.12)

$$\beta(\chi^2_{d^*,\alpha,H}|a) \geq \beta(\chi^2_{d,\alpha,H}) \quad \text{für alle } a \in \mathbb{R}^k,$$

$$\beta(F_{d^*,\alpha,H}|a,\sigma^2) \geq \beta(F_{d,\alpha,H}|a,\sigma^2) \quad \text{für alle } a \in \mathbb{R}^k,\ \sigma^2 > 0,$$

letzteres allerdings nur unter der Voraussetzung $r_{d^*} = r_d$. Die Bedingung (2.13) ist zwar schwächer als (2.6), jedoch ist auch hier meist das Problem der Nichtexistenz eines d^* mit (2.13) gegeben (für $s \geq 2$).

Zur Auswahl eines einzelnen "optimalen" Versuchsplans ist man gezwungen, die Löwner-Halbordnung der Informationsmatrizen durch eine totale Ordnung zu ersetzen. Man verwendet gewisse (erweitert) reelle Funktionen der Informationsmatrizen als Optimalitätskriterien. Sei $\Phi: \mathcal{N}_k \to \mathbb{R} \cup \{\infty\}$, wobei $\mathcal{N}_k$ die Menge der nichtnegativ definiten $(k \times k)$-Matrizen bezeichnet. Ein Versuchsplan d^* heißt Φ-optimal, wenn

$$(2.14) \qquad \Phi(M_{d^*}) = \min_{d \in \Delta_n} \Phi(M_d).$$

Dabei bedeutet $\Phi(M_d) = \infty$, daß der Versuchsplan als unbrauchbar für die gegebene statistische Fragestellung anzusehen ist (vgl. Beispiele (2.1), (2.2)). Die gebräuchlichsten Optimalitätskriterien sind die folgenden.

$$(2.15) \qquad \Phi_D(M) = \det M^{-1} \qquad \text{(D-Optimalität)}$$

$$(2.16) \qquad \Phi_A(M) = \operatorname{tr} M^{-1} \qquad \text{(A-Optimalität)}$$

$$(2.17) \qquad \Phi_E(M) = \lambda_{max}(M^{-1}) \qquad \text{(E-Optimalität)}$$

wobei $\lambda_{max}(M^{-1})$ den größten Eigenwert von M^{-1} bezeichnet. Für singuläres M werde in (2.15) – (2.17) jeweils $\Phi(M) = \infty$ definiert. Statistische Interpretationen dieser Kriterien ergeben sich aus

$$\operatorname{Cov} \hat{a}_d = \sigma^2 M_d^{-1} \; ,$$

so daß (2.15) – (2.17) Maße für die Streuung der Kleinsten-Quadrat-Schätzung sind. Für das D-Kriterium betrachtet man die verallgemeinerte Varianz $\det \operatorname{Cov} \hat{a}_d$, für das A-Kriterium

$$\sum_{j=1}^{k} \operatorname{Var} \hat{a}_{dj} \; ,$$

für das E-Kriterium

$$\lambda_{max}(\operatorname{Cov} \hat{a}_d) = \max \{ \operatorname{Var} c^T \hat{a}_d : c \in \mathbb{R}^k, c^T c = 1 \}.$$

Weitere Interpretationen ergeben sich im Fall der Normalverteilungsannahme (s. HEDAYAT (1981)), zum Beispiel für die Konstruktion von Konfidenzellipsoiden für a.

Oft interessieren nicht alle Parameter $a_1, \ldots, a_k$ im Modell, sondern etwa nur $a_1, \ldots, a_s$ (mit einem s < k), oder allgemeiner die lineare, vektorwertige Funktion Ka mit einer gegebenen (s×k)-Matrix K vom Rang s. Ersetzt man $\hat{a}_d$ durch den Gauß-Markov-Schätzer $K\hat{a}_d$, so erhält man mit

$$\operatorname{Cov} K\hat{a}_d = \sigma^2 K M_d^{-} K^T$$

die zu (2.15) - (2.17) analogen Kriterien

$$(2.15') \qquad \Phi_{D,K}(M) = \det(KM^-K^T) \qquad (D_K\text{-Optimalität}),$$

$$(2.16') \qquad \Phi_{A,K}(M) = \mathrm{tr}(KM^-K^T) \qquad (A_K\text{-Optimalität}),$$

$$(2.17') \qquad \Phi_{E,K}(M) = \lambda_{max}(KM^-K^T) \qquad (E_K\text{-Optimalität}),$$

jeweils für $\mathcal{R}(K^T) \subset \mathcal{R}(M)$, und $\Phi(M) = \infty$ andernfalls. Neben analogen Interpretationen zu (2.15) - (2.17) haben die Kriterien (2.15') - (2.17') auch Bedeutung für das Testen der linearen Hypothese H : Ka = b unter Normalverteilungsannahme. Zum Beispiel optimiert ein D_K-optimaler Versuchsplan das lokale Verhalten des F- bzw. χ^2-Tests. Ein E_K-optimaler Plan maximiert die minimale Güte auf den "Sphären" $\| Ka - b \|^2 / \sigma^2 = r^2$, s. z.B. HEDAYAT (1981).

3. Approximative und exakte Theorie

Das Minimierungsproblem (2.14) ist schon für recht einfache Regressionsansätze schwierig zu lösen. So ist für den simplen Fall der linearen (in x) Regression

$$y(x) = a_o + a_1 x, \quad x \in [\alpha, \beta],$$

die Bestimmung eines D-optimalen Plans ein nicht-triviales Problem (s. HOHMANN, JUNG (1975)), und schon die D-Optimalität im quadratischen (in x) Fall

$$y(x) = a_o + a_1 x + a_2 x^2, \quad x \in [\alpha, \beta],$$

hat einige Autoren beschäftigt (GRANOVSKII (1967), WYNN (1972), GAFFKE, KRAFFT (1982b)). Noch schwieriger wird das Problem bei Ansätzen höherer Ordnung oder multipler Regression. Einen Ausweg aus dieser Situation schafft die approximative Theorie, die den Begriff des Versuchsplans erweitert. Ein approximativer Versuchsplan ist eine endlich-diskrete Wahrscheinlichkeitsverteilung auf dem Versuchsbereich $\mathfrak{X}$,

$$\delta = \begin{pmatrix} x_1, \ldots, x_r \\ \\ w_1, \ldots, w_r \end{pmatrix} \qquad \text{mit Punkten } x_1, \ldots, x_r \in \mathcal{X}$$

und Gewichten $w_1, \ldots, w_r > 0$ mit $\sum_{i=1}^{r} w_i = 1$, $r \in \mathbb{N}$. Die Menge $\text{supp}(\delta) = \{x_1, \ldots, x_r\}$ heißt Träger von δ. Die Menge aller approximativen Versuchspläne sei mit Δ bezeichnet. Der approximative Versuchsplan δ schreibt vor, daß der Bruchteil w_i aller Messungen im Punkt x_i vorzunehmen ist, $1 \le i \le r$. Offensichtlich läßt sich δ nur dann als exakter Versuchsplan vom Umfang n realisieren, wenn alle Gewichte ganzzahlige Vielfache von $1/n$ sind, $w_i = n_i/n$, $n_i \in \mathbb{N}$, $1 \le i \le r$, $\sum_{i=1}^{r} n_i = n$. Dann entspricht δ dem exakten Plan

$$d = \begin{pmatrix} x_1, \ldots, x_r \\ \\ n_1, \ldots, n_r \end{pmatrix} \in \Delta_n.$$

Im allgemeinen ist ein approximativer Plan nur als Näherung eines exakten Plans aufzufassen, dies umso besser je größer n ist. In Erweiterung von (2.3) definiert man als (mittlere) Informationsmatrix von

$$\delta \in \Delta, \quad \delta = \begin{pmatrix} x_1, \ldots, x_r \\ \\ w_1, \ldots, w_r \end{pmatrix},$$

$$(3.1) \qquad \bar{M}_\delta = \left(\sum_{h=1}^{r} w_h f_i(x_h) f_j(x_h) \right)_{1 \le i, j \le k} = \sum_{h=1}^{r} w_h f(x_h) f^T(x_h),$$

unter dem allgemeinen linearen Regressionsansatz (2.1). Entspricht δ einem exakten Versuchsplan $d \in \Delta_n$, so ist offensichtlich $\bar{M}_\delta = \frac{1}{n} M_d =: \bar{M}_d$.

Sei Φ ein homogenes Optimalitätskriterium, d.h. $\Phi(M) < \Phi(N)$, $M, N \in \mathcal{N}_k$, impliziere stets $\Phi(bM) < \Phi(bN)$ für alle $b > 0$, (die meisten Optimalitätskriterien sind homogen). Dann lassen sich in (2.14) die Informationsmatrizen M_d durch die mittleren Informationsmatrizen $\bar{M}_d$ ersetzen. Daraus ergibt sich als Erweiterung von (2.14) das Problem

$$(3.2) \qquad \Phi(\bar{M}_{\delta*}) = \min_{\delta \in \Delta} \Phi(\bar{M}_\delta).$$

40

Ein approximativer Versuchsplan δ^* mit (3.2) heißt Φ-optimal. Der entscheidende Vorteil von (3.2) gegenüber (2.14) liegt in der Konvexität der Menge der Informationsmatrizen $\mathcal{M} = \{\bar{M}_\delta : \delta \in \Delta\}$ (wie auch in der Konvexität von Δ). Nach (3.1) ist $\mathcal{M}$ die konvexe Hülle der Menge $\{f(x)f^T(x) : x \in \mathcal{X}\}$ und - wie man leicht sieht - auch die konvexe Hülle von $\mathcal{M}_n = \{\bar{M}_d : d \in \Delta_n\}$, für jedes $n \in \mathbb{N}$. Die gebräuchlichen Optimalitätskriterien sind konvexe Funktionen auf $\mathcal{N}_k$, d.h. es gilt

$$\Phi(\lambda M + (1-\lambda)N) \leq \lambda\Phi(M) + (1-\lambda)\Phi(N),$$

für alle $M,N \in \mathcal{N}_k$, $\lambda \in (0,1)$. Dies gilt insbesondere für die in (2.15) - (2.17) und (2.15') - (2.17') genannten Kriterien (wobei statt Φ_D und $\Phi_{D,K}$ etwa die logarithmierten Versionen $\log\Phi_D$ und $\log\Phi_{D,K}$ zu verwenden sind). Dann läßt sich (3.2) mit Methoden der konvexen Optimierung behandeln (Gradientenverfahren, Dualität, iterative Methoden). Zum Beispiel impliziert die Konvexität von Φ die Existenz der Richtungsableitungen

$$\mathcal{G}_\Phi(\bar{M}_{\delta*},\bar{M}_\delta) = \lim_{\lambda\downarrow 0} [\Phi((1-\lambda)\bar{M}_{\delta*} + \lambda\bar{M}_\delta) - \Phi(\bar{M}_{\delta*})]/\lambda\ ,$$

für $\delta^*,\delta \in \Delta$ und $\Phi(\bar{M}_{\delta*}) < \infty$, so daß eine Lösung δ^* für (3.2) charakterisiert ist durch

$$(3.3) \qquad \mathcal{G}_\Phi(\bar{M}_{\delta*},\bar{M}_\delta) \geq 0 \quad \text{für alle } \delta \in \Delta.$$

Eine wesentliche Vereinfachung ergibt sich für (3.3), wenn Φ im Punkt $\bar{M}_{\delta*}$ differenzierbar ist (was meist die Regularität von $\bar{M}_{\delta*}$ impliziert). Dann ist $\mathcal{G}_\Phi(\bar{M}_{\delta*},\cdot)$ linear,

$$\mathcal{G}_\Phi(\bar{M}_{\delta*},\bar{M}_\delta) = \mathrm{tr}\{\nabla\Phi(\bar{M}_{\delta*}) \cdot (\bar{M}_\delta - \bar{M}_{\delta*})\}\ ,$$

mit einer symmetrischen $(k \times k)$-Matrix $\nabla\Phi(\bar{M}_{\delta*})$. Nach (3.1) ist daher (3.3) äquivalent mit

$$(3.4) \qquad f^T(x)\nabla\Phi(\bar{M}_{\delta*})f(x) \geq \mathrm{tr}\{\nabla\Phi(\bar{M}_{\delta*})\cdot\bar{M}_{\delta*}\} \quad \text{für alle } x \in \mathcal{X}.$$

Für das D-Kriterium $\log\Phi_D$ ergibt (3.4) eine der Bedingungen des berühmten Äquivalenzsatzes von KIEFER und WOLFOWITZ (1960):

Für reguläres $\bar{M}_{\delta*}$ ist $\nabla \log \Phi_D(\bar{M}_{\delta*}) = -\bar{M}_{\delta*}^{-1}$, und (3.4) wird zu

$$(3.5) \qquad f^T(x)\bar{M}_{\delta*}^{-1} f(x) \leq k \qquad \text{für alle } x \in \mathcal{X} \ .$$

Ausführlichere Darstellungen und weitergehende Äquivalenzsätze finden sich in KIEFER (1974), PUKELSHEIM (1980), SILVEY (1980).

Insbesondere für das D-Kriterium ermöglicht (3.5) in vielen Fällen die explizite Bestimmung eines D-optimalen Versuchsplans. So sind für die klassischen Regressionsansätze (1.3) - (1.6) D-Optimale Pläne δ^* bekannt (s. GUEST (1958), HOEL (1958), HOEL (1965), KIEFER (1961)). Der optimale approximative Plan läßt sich allerdings oft nicht als exakter Versuchsplan von gegebenem Umfang n realisieren. Ein Problem, das insbesondere für kleine n von Interesse ist, ist daher die Konstruktion eines exakten optimalen Versuchsplans aus einem approximativen. Naheliegend ist sicherlich die Rundung der Gewichte von δ^* auf ganzzahlige Vielfache von 1/n und die Beibehaltung der Trägerpunkte von δ^*. FEDOROV (1972), Ch.3, hat u.a. gezeigt, daß man für die D-Optimalität auf diese Weise einen Versuchsplan $d^* \in \Delta_n$ erhalten kann mit

$$(3.6) \qquad e_{D,n}(d^*) \geq 1 - \frac{r}{n}$$

wobei $r = |\text{supp}(\delta^*)|$ und $e_{D,n}(d^*)$ die "D-Effizienz" von d^* (relativ zu Δ_n) bezeichnet, d.h.

$$e_{D,n}(d^*) = \{\det \bar{M}_{d*} / \sup_{d \in \Delta_n} \det M_d\}^{1/k} \ ,$$

vgl. ATWOOD (1969), p. 1591.

Die Schranke in (3.6) läßt sich wesentlich verbessern, wenn $r = k$ ist, d.h. wenn der D-optimale Plan δ^* absolut minimalen Träger besitzt (k ist die Anzahl der Parameter a_j im Modell). Das ist z.B. für die polynomiale Regression (1.3) und für die quadratische multiple Regression (1.6) der Fall. Für $r = k$, $n = kp + q$, $p \in \mathbb{N}$, $q \in \{1,\ldots,k-1\}$, gilt

$$(3.6') \qquad e_{D,n}(d^*) \geq \frac{k}{n}(p+1)^{q/k} \cdot p^{1-q/k} \ .$$

Trivialerweise sind p, $p + 1 > (n/k) - 1$, folglich

$$\frac{k}{n} \cdot (p+1)^{q/k} \cdot p^{1-q/k} > \frac{k}{n}\left(\frac{n}{k} - 1\right) = 1 - \frac{k}{n} \; .$$

Für die Frage, ob d^* aus (3.6') in der Tat D-optimal ist, liegen für die Regressionsansätze (1.3) und (1.6) einige Resultate vor, SAIAEVSKII (1965), HOHMANN; JUNG (1975), GAFFKE; KRAFFT (1982b). Ein allgemeineres Resultat auch für andere Regressionsansätze wird in GAFFKE (1982) bewiesen.

Abschließend sei angemerkt, daß die approximative Theorie auch für die in Abschnitt 2 vorgestellten Konzepte der Zulässigkeit und vollständigen Klassen von Bedeutung ist. Zulässigkeit eines approximativen Versuchsplans $\delta_o \in \Delta$ und die Vollständigkeit einer Menge $\Delta' \subset \Delta$ werden dabei analog zu Def.(2.1) erklärt (indem die Informationsmatrizen M_d ersetzt werden durch $\bar{M}_\delta$). Das in Satz (2.1) gegebene Resultat für die polynomiale Regression läßt sich in der approximativen Theorie wesentlich schärfer fassen (KIEFER (1959)):

<u>Satz (3.1)</u>

Für die polynomiale Regression (1.3) auf $I = [\alpha, \beta]$ gilt:
Ein approximativer Versuchsplan $\delta_o \in \Delta$ ist genau dann zulässig, wenn $|\mathrm{supp}(\delta_o) \cap (\alpha, \beta)| \leq m - 1$. Die Menge Δ^o aller zulässigen Pläne ist die kleinste vollständige Klasse.

LITERATURHINWEISE

[1]   ATWOOD, L.C. (1969): Optimal and efficient designs of experi-
        ments. Ann. Math. Statist. 40, 1570 - 1602.

[2]   BOX, G.E.P.; DRAPER, N.R. (1959): A basis for the selection of
        a response surface design. J. Amer. Statist. Ass. 54, 622 - 654.

[3]   BOX, G.E.P.; DRAPER, N.R. (1963): The choice of a second order
        rotatable design. Biometrika 50, 335 - 352.

[4]   FARRELL, R.H.; KIEFER, J.; WALBRAN, A. (1967): Optimum multi-
        variate designs. Proc. 5th Berkeley Symp. Math. Statist. Prob.,
        Vol.1, 113 - 138.

[5]   FEDOROV, V.V. (1972): Theory of Optimal Experiments. Academic,
        New York.

[6]   FEDOROV, V.V. (1980): Convex design theory. Math. Operations-
        forsch. Statist., Ser. Statistics 11, 403 - 413.

[7]   GAFFKE, N. (1982): On D-optimality of exact linear regression
        design with absolutely minimum support. Zur Veröffentlichung
        einger. Manuskript. Institut f. Statistik, RWTH Aachen.

[8]   GAFFKE, N.; KRAFFT, O. (1982a): Matrix inequalities in the Löw-
        ner ordering. In: KORTE, B. (ed.): Modern Applied Mathematics.
        Optimization and Operations Research. North-Holland, Amsterdam,
        595 - 622

[9]   GAFFKE, N.; KRAFFT, O. (1982b): Exact D-optimum designs for qua-
        dratic regression. J. Roy. Statist. Soc. B 44.

[10]   GRANOVSKIĬ, B.L. (1967): On a problem arising in the theory of
        optimal planning of regression experiments (Russion). Izv. Vyšs.
        Učebn. Zaved. Matematika, no 4 (59), 47 - 53.

[11]   GUEST, P.G. (1958): The spacing of observations in polynomial
        regression. Ann. Math. Statist. 29, 294 - 299.

[12]   HEAYAT, A. (1981): Study of optimality criteria in design of ex-
        periments. In: Csörgö, Dawson, Rao, Saleh (eds.): Statistics and
        Related Topics. North-Holland, Amserdam, 39 - 56.

[13]   HOEL, P.G. (1958): Efficiency problems in polynomial estimation.
        Ann. Math. Statist. 29, 1134 - 1145.

[14]   HOEL, P.G. (1965): Minimax designs for two dimensional regres-
        sion. Ann. Math. Statist. 36, 1097 - 1106.

[15]   HOHMANN, G.; JUNG, W. (1975): On sequential and non-sequential
        D-optimal experimental design. Biometrische Z. 17, 329 - 336.

[16]   KIEFER, J. (1959): Optimum experimental designs /with discussion).
        J. R. Statist. Soc. B 21, 272 - 304.

[17]   KIEFER, J. (1961): Optimum designs in regression problems, II.
        Ann. Math. Statist. 32, 298 - 325.

[18]   KIEFER, J. (1974): General equivalence theory for optimum designs (approximate theory). Ann. Statist. 2, 849 - 879.

[19]   KIEFER, J.; WOLFOWITZ, J. (1960): The equivalence of two extremum problems. Can. J. Math. 12, 363 - 366.

[20]   KRAFFT, O. (1978): Lineare statistische Modelle und optimale Versuchspläne. Vandenhoeck & Ruprecht, Göttingen.

[21]   PUKELSHEIM, F. (1980): On linear regression designs which maximize information. J. Statist. Plann. Infer. 4, 339 - 364.

[22]   ŠALAEVSKIĬ, O.V. (1966): The problem of the distribution of observations in polynomial regression. Proc. Steklov Inst. Math. No. 79, 147 - 166.

[23]   SCHEFFÉ, H. (1958): Experiments with mixtures. J. R. Statist. Soc. B 20, 344 - 360.

[24]   SILVEY, S.D. (1980): Optimal Design. Chapman-Hall, New York.

[25]   STIGLER, S.M. (1971): Optimal experimental design for polynomial regression. J. Amer. Statist. Ass. 66, 311 - 318.

[26]   WYNN, H.P. (1972): Results in the theory and construction of D-optimum experimental designs. J. R. Statist. Soc. B 34, 133 - 147.

ZWEIFACHBLOCKPLÄNE MIT NACHBARSCHAFTSSTRUKTUREN[1]

E. Sonnemann
FB VI – Ang. Math./Statistik
Universität Trier
D-5500 Trier, Postfach 38 25

J. Kunert
Abt. Statistik d. Universität Dortmund
D-4600 Dortmund 50, Postfach 50 05 00

1. Einleitung und Beispiele

Bei der Planung statistischer Experimente setzt der Praktiker immer
Blöcke ein, wenn dies irgend möglich ist. Blöcke sind homogene Gruppen
von Versuchseinheiten. Mit ihnen schafft man möglichst gleichwertige
Ausgangsbedingungen für den Versuch und erzielt damit eine Verringerung der Fehlerbreite. In der Regel wird dabei vorausgesetzt, daß die
Versuchseinheiten innerhalb eines Blocks unabhängig voneinander reagieren. Doch bestehen in vielen praktischen Situationen Interaktionen
zwischen diesen Einheiten, je nachdem diese im Block benachbart sind
oder nicht.

Beispiel 1.1 (HARTUNG, SCHMITZ, 1979, S.129): Zum Vergleich der Er-
träge von 5 Rieslingklonen wurden in einem 5 x 5 parzellierten Versuchs-
feld die 5 Sorten (1,2,3,4,5) nach folgendem lateinischen Quadrat auf
die Parzellen verteilt. Hierdurch sollten die beiden Störfaktoren Klima
(Zeilen des Schemas) und Boden (Spalten) ausgeglichen werden.

---

[1]Die Arbeit wurde gefördert von der Deutschen Forschungsgemeinschaft.

	Boden				
Klima	1	2	3	4	5
1	1	2	3	4	5
2	3	4	5	1	2
3	5	3	1	2	4
4	2	5	4	3	1
5	4	1	2	5	3

Die Parzellen des Versuchsfeldes sind in erster Linie benachbart,
wenn sie eine gemeinsame Kante haben. Sollten sich die in den Zeilen
oder Spalten benachbarten Parzellen in ihren Erträgen gegenseitig
beeinflussen, so fällt bei dem gegebenen Versuchsplan auf, daß innerhalb der Zeilen die Sorten 1 und 2 und innerhalb der Spalten die
Sorten 3 und 5 sich viermal nebeneinander befinden. Das könnte eine
systematische Beeinflussung zur Folge haben. $\triangledown$

Beispiel 1.2   (ANDERSON, BANCROFT, 1952, S. 254): Um die Gewichtszunahme bei Ratten unter 9 verschiedenen Futterrationen zu vergleichen,
wurden 12 Ratten nacheinander je 3 der 9 Rationen zugeteilt und die
jeweilige Gewichtszunahme bestimmt. Die Zuordnung der Futterrationen
(1,2,...,9) zu den Futterperioden pro Ratte folgte einem balancierten
unvollständigen Blockplan.

	Ratte											
Periode	1	2	3	4	5	6	7	8	9	10	11	12
1	1	3	2	7	1	4	1	8	6	5	1	9
2	4	6	5	8	2	5	9	4	2	7	6	2
3	7	9	8	9	3	6	5	3	7	3	8	4

Vermutlich ist in diesem Beispiel die Gewichtszunahme in der 2. Periode nicht unabhängig von der in der 1. und ebenso die in der 3.
Periode nicht von den beiden vorangegangenen. Nachbarschaftsstruktu-

ren sind also gegeben durch die zeitliche Aufeinanderfolge der Beobachtungen pro Tier. Außerdem kann ein Alterseinfluß des Tieres angenommen werden. Das Wachstum in der Zeitperiode 2 erfolgt später als das in der Periode 1 und muß daher qualitativ nicht gleich verlaufen. Solche Alterseinflüsse und die vorher genannten Nachwirkungseinflüsse kann dieser Versuchsplan nicht ausgleichen. Wir sehen, daß in der ersten Zeitperiode die Behandlung 1 viermal verwendet wird. Ebenso unausgewogen ist das dreimalige Auftreten der Behandlung 2 in der zweiten und der Behandlung 3 in der dritten Periode. ▽

Beispiel 1.3 (GRIZZLE, 1965): In einem klinischen Versuch sollte die Wirksamkeit zweier Medikamente hinsichtlich des relativen Hämoglobingehaltsunterschiedes im Blut zwischen Anfang und Ende einer Zeitperiode untersucht werden. 14 Patienten wurden streng zufällig zwei Versuchsgruppen zugeordnet. Die erste Gruppe erhielt in der ersten Periode das Medikament 1 und in der zweiten das Medikament 2, die zweite Gruppe in umgekehrter Reihenfolge.

Periode	1. Gruppe			2. Gruppe		
	1	2 . . . 6		1	2 . . . 8	
1	1	1 . . . 1		2	2 . . . 2	
2	2	2 . . . 2		1	1 . . . 1	

Auch hierbei kann eine Nachwirkung des Medikaments, das in der 1. Periode gegeben wurde auf die 2. Periode vorhanden sein, so daß in der 2. Periode vermengte Wirkungen gemessen werden, die von der Reihenfolge der Medikamente abhängen. ▽

Diesen Beispielen gemeinsam ist, daß ihre Beobachtungen in einem Rechteck angeordnet sind (Zeilen und Spalten des Versuchsfeldes; Beobachtungszeiten und Tiere bzw. Probanden). Sowohl in den Zeilen wie in den Spalten des Rechtecks kann Homogenität hinsichtlich der zugehörigen Störfaktoren vorausgesetzt werden, so daß eine zweifache

Blockstruktur angenommen werden kann. Innerhalb dieser Blöcke (Zeilen
und Spalten) sind zwei wesentlich verschiedene Nachbarschaftsstrukturen gegeben. In den Beispielen 1.2 und 1.3 ergibt die zeitliche
Aufeinanderfolge der Messungen eine gerichtete Nachbarschaft
(vorher → nachher) in den Spalten. Eine Nachbarschaft in den Zeilen,
also zwischen den Tieren bzw. Probanden wird nicht angenommen. Im
Beispiel 1.1 dagegen sind die Parzellen ungerichtet (bzw. in beiden
Richtungen) benachbart, sowohl in den Zeilen als auch in den Spalten.
Stellt man Blöcke durch Kästen und Nachbarschaften durch Pfeile dar,
so erhält man Schemata folgender Struktur:

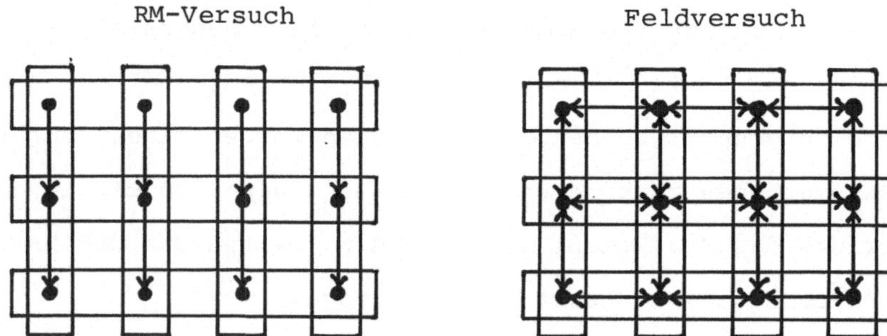

Bei den Beispielen 1.2 und 1.3 handelt es sich um Versuche mit wieder-
holten Messungen (Repeated Measurements), die wir im folgenden kurz
RM-Versuche nennen wollen. Zusammen mit den *Feldversuchen* sind sie
Untersuchungsgegenstand dieser Arbeit.

Nachbarschaften anderer Qualität oder in höheren Dimensionen werden
nicht betrachtet, doch sei auf ihre Existenz kurz hingewiesen.
Denkt man an Messungen in der Rinde eines Korkbaumes (RAO, 1948),
wobei die Meßpunkte in den vier Himmelsrichtungen liegen, so hat man
eine ringförmige Nachbarschaftsstruktur. Bei Beobachtungen beispielsweise der Luftverunreinigung kommt zu zwei (oder drei) räumlichen
noch eine zeitliche Koordinate.

Im folgenden Abschnitt werden die Grundlagen zusammengestellt. Das
sind die Optimalitätsbegriffe der Versuchsplanung und die wichtigsten
Ergebnisse der Versuchsplanung für Zweifachblockmodelle ohne Nach-
barbeziehungen. In den Abschnitten 3 und 4 wird berichtet, welche
Versuchspläne optimal sind bzw. bleiben bei Annahme zusätzlicher
additiver Nachwirkungen einerseits und spezieller Korrelationsstrukturen andererseits.

2. Grundlagen

2.1. Optimale Versuchspläne in linearen Modellen

Feld- und RM-Versuchen gemeinsam ist die rechteckige Versuchsanlage,
für die durch den Versuchsplan festgelegt wird, welche Behandlung
in welcher Zelle des Rechtecks zum Einsatz kommt. Setzen wir also
p Zeilen und n Spalten sowie t Behandlungen voraus, so ist der Versuchsplan d gegeben durch eine Abbildung

$$d : \{1,\ldots,p\} \times \{1,\ldots,n\} \to \{1,\ldots,t\} \ .$$

Die Menge aller solcher d wollen wir mit $\Omega_{t,n,p}$ bezeichnen. Hierin
soll ein d^* bestimmt werden, so daß die Effekte der Behandlungen
optimal geschätzt werden können. Dazu muß zunächst der Begriff
"optimal" geklärt werden.

Die Behandlung i habe den Effekt τ_i auf die Messung ($1 \leq i \leq t$). In
den hier betrachteten Modellen ist es nicht möglich den Vektor der
τ_i zu schätzen. Schätzbar sind jedoch alle (normierten) Kontraste

$$c = \sum_{i=1}^{t} \ell_i \tau_i \qquad \text{mit } \Sigma \ell_i = 0, \ \Sigma \ell_i^2 = 1 \ .$$

Die Schätzer $\hat{c}(y)$ für c, die wir betrachten werden, lassen sich in
der Form

$$\hat{c}(y) = \sum_{i=1}^{t} \ell_i (\widehat{\tau_i - \tau_.})(y)$$

darstellen, wobei die $(\widehat{\tau_i - \bar{\tau}_.})(y)$ erwartungstreue Schätzer für $\tau_i - \bar{\tau}_.$ sind. Bezeichnet $\mathcal{D}_d$ die Kovarianzmatrix des Schätzers für den Vektor der $\tau_i - \bar{\tau}_.$ bei Vorliegen des Versuchsplanes d, dann gilt für die Varianz eines Kontrastschätzers $\hat{c}(y)$

$$\text{Var } \hat{c}(y) = \sum_{j=1}^{t} \sum_{i=1}^{t} \ell_i \ell_j x_{dij} \; ,$$

wobei x_{dij} das (i,j)-te Element von $\mathcal{D}_d$ ist.

Dies rechtfertigt die von KIEFER verwendete Vorgehensweise, Versuchspläne zu bestimmen, die $[\tau_i - \bar{\tau}_.]_{1 \leq i \leq t}$ mit möglichst kleiner Kovarianzmatrix $\mathcal{D}_d$ schätzen. Um die Kovarianzmatrizen ordnen zu können, definiert man ein Funktional φ (ein Optimalitätskriterium), das jeder Kovarianzmatrix eine reelle Zahl oder den Wert ∞ zuordnet. Findet man einen Plan, dessen Kovarianzmatrix dieses Funktional minimiert, so ist er nach diesem Kriterium *optimal*. Man beachte, daß somit dieser optimale Plan abhängen wird von dem gewählten Kriterium, dem verwendeten Schätzer und dem zugrundegelegten Modell.

Bevor wir einige Optimalitätskriterien vorstellen, wollen wir bemerken, daß $\mathcal{D}_d$ nicht Vollrang hat. Für die zu betrachtenden Schätzer gilt nämlich $\Sigma_{i=1}^{t} (\widehat{\tau_i - \bar{\tau}_.})(y) = 0$ für alle y und damit

$$\text{Var} \sum_{i=1}^{t}{}' (\widehat{\tau_i - \bar{\tau}_.})(y) = \sum_{i=1}^{t} \sum_{j=1}^{t} x_{dij} = 0 \; ,$$

so daß $\mathcal{D}_d$ den Rang t-1 besitzt, weil je t-1 der Kontrastschätzer linear unabhängig sind. Bezeichnen dementsprechend

$$\lambda_{d1} \geq \lambda_{d2} \geq \cdots \geq \lambda_{dt-1} \geq 0$$

die t-1 positiven Eigenwerte und den Eigenwert 0 von $\mathcal{D}_d$, so werden die folgenden Optimalitätskriterien häufig verwendet.

A-Kriterium:

$$\varphi_A(d) = \sum_{i=1}^{t-1} \lambda_{di}/t = \text{tr } \mathcal{D}_d/t$$

ist die durchschnittliche Varianz der $\widehat{\tau_i - \tau}$. für den Versuchsplan d.

E-Kriterium:

$$\varphi_E(d) = \lambda_{d1}$$

ist die Varianz des Schätzers für den normierten Kontrast $\Sigma_{i=1}^{t} \ell_i \, \tau_i$, der bei Benutzen des Planes d mit der größten Varianz geschätzt wird.

$\tilde{E}$-Kriterium:

$$\varphi_{\tilde{E}}(d) = \max_{1 \leq i \leq t} x_{dii}$$

ist die maximale Varianz aller $\widehat{\tau_i - \tau}$. beim Versuchsplan d.

D-Kriterium:

$$\varphi_D(d) = \prod_{i=1}^{t-1} \lambda_{di}$$

ist die Determinante der Kovarianzmatrix (die verallgemeinerte Varianz) von t-1 orthogonalen normierten Kontrasten.

In einer Menge von Plänen d mit gleichem Wert des A-Kriteriums (d.h. $\Sigma \, \lambda_{di} =$ const.), minimiert ein Plan d^* das E- und das $\tilde{E}$-Kriterium, wenn seine positiven Eigenwerte λ_{d^*i} (und damit auch die Diagonalelemente x_{d^*ii}) sämtlich gleich groß sind (KIEFER, WYNN, 1981). (Man beachte aber, daß d^* dann für das D-Kriterium der schlechteste unter diesen Plänen ist.) Da außerdem beim Übergang von D_d zu $D_{\tilde{d}} = b D_d$ mit b < 1 A-, E- und $\tilde{E}$-Kriterium gleichermaßen verringert werden, führt dieser Satz zu der Definition:

Ein A-optimaler Plan d^*, dessen Eigenwerte λ_{d^*i}, $1 \leq i \leq t-1$, von D_{d^*} gleich sind, heißt *schwach universell optimal.*

Vergleicht man Pläne mit $\Sigma_{i=1}^{t-1} 1/\lambda_{di} =$ const. untereinander, so werden A-, E-, $\tilde{E}$- und D-Kriterium durch einen Plan d^* minimiert, dessen positive Eigenwerte λ_{d^*i} alle gleich sind (KIEFER, 1975). Der Übergang von $\mathcal{D}_d$ zu $b\mathcal{D}_d$ mit $b < 1$ verringert das harmonische Mittel $(t-1)/\Sigma_{i=1}^{t-1} 1/\lambda_{di}$ und ebenso A-, E-, $\overset{\sim}{\text{E}}$- und D-Kriterium.

Diese Aussagen führen zu dem Begriff der universellen Optimalität, der die schwache universelle Optimalität impliziert:

Ein Plan d^*, dessen positive Eigenwerte λ_{d^*i} alle gleich sind, und der zusätzlich das harmonische Mittel der positiven Eigenwerte von $\mathcal{D}_{d^*}$ minimiert, heißt *universell optimal*.

Es sei angemerkt, daß $\Sigma\, 1/\lambda_{di}$ die Spur der sogenannten Informationsmatrix $C_d = \mathcal{D}_d^+$ von d ist (also der Moore-Penrose-Pseudoinversen von $\mathcal{D}_d$, siehe z.B. KIEFER, WYNN, 1981).

Zusammenfassend ist festzuhalten, daß die universelle Optimalität eines Versuchsplanes seine A-, E-, $\overset{\sim}{\text{E}}$- und D-Optimalität zur Folge hat. Dagegen impliziert schwache universelle Optimalität wohl A-, E- und $\overset{\sim}{\text{E}}$-Optimalität, aber nicht die D-Optimalität.

2.2. Zweifach-Blockmodelle ohne Nachwirkungen

Die Wirkungen τ_i, $1 \leq i \leq t$, von t Behandlungen sollen verglichen werden. Die Messungen dieser Wirkungen werden gestört durch unabhängig identische verteilte Fehler mit Erwartungswert Null und durch zwei verschiedene Sorten von Blockeffekten mit p bzw. n Stufen ("Zeilen" und "Spalten"). Jede Stufe der einen Blocksorte tritt genau einmal mit jeder Stufe der anderen Blocksorte auf, so daß np Messungen beobachtet werden. Der Versuchsplan $d \in \Omega_{t,n,p}$ bestimmt, welche Behandlung bei welcher Stufenkombination der Blöcke angewendet wird. Verwendet man den Versuchsplan d, so ist also die Messung y_{dku} in Zeile k und Spalte u bestimmt durch

$$(1) \qquad y_{dku} = \alpha_k + \beta_u + \tau_{d(k,u)} + e_{ku}\ .$$

Dabei sind

α_k der Effekt der k-ten Zeile,

β_u der Effekt der u-ten Spalte,

$\tau_{d(k,u)}$ der Effekt der hier eingesetzten Behandlung und

e_{ku} der Meßfehler.

Die Effekte α_k, β_u und τ_i sind unbekannte reelle Parameter und die Meßfehler e_{ku} unkorrelierte Zufallsvariable mit Erwartungswert O und unbekannter Varianz σ^2. Als Schätzer für $[\tau_i - \bar{\tau}.]_{1 \leq i \leq t}$ verwendet man den gleichmäßig besten linearen erwartungstreuen Schätzer, also den üblichen Kleinste-Quadrate-Schätzer. Dieser wird von uns kurz *OLS-Schätzer* genannt (OLS $\triangleq$ Ordinary Least Squares).

Wie sehen die optimalen Pläne dafür aus? Vier Fälle sind zu unterscheiden:

<u>Fall 1:</u>   t teilt sowohl n als auch p.

In diesem Fall sind die *verallgemeinerten lateinischen Quadrate* (im folgenden abgekürzt mit GLS $\triangleq$ Generalized Latin Squares bezeichnet) universell optimal in $\Omega_{t,n,p}$ (KIEFER, 1958). Ein GLS ist ein Plan, bei dem jede Behandlung in jeder Zeile und in jeder Spalte gleich oft vorkommt, nämlich n/t mal in den Zeilen und p/t mal in den Spalten. Unter den gegebenen Voraussetzungen t|p und t|n existiert immer ein GLS in $\Omega_{t,n,p}$. Zum Beispiel kann man np/t^2 beliebige lateinische t×t-Quadrate zusammensetzen. Es gibt aber auch andere Möglichkeiten ein GLS zu konstruieren (siehe z.B. KRAFFT, 1978, S. 349).

<u>Beispiel 2.2.1</u>   (CHENG, WU, 1980) : Der Versuchsplan

$$d = \begin{bmatrix} 111 & 222 & 333 \\ 123 & 123 & 123 \\ 222 & 333 & 111 \\ 231 & 231 & 231 \\ 333 & 111 & 222 \\ 312 & 312 & 312 \end{bmatrix} \in \Omega_{3,9,6}$$

ist ein GLS für 3 Behandlungen bei 6 Zeilen und 9 Spalten. Dieses läßt sich durch Zeilen- und Spaltenpermutationen in 2×3 lateinische 3×3-Quadrate überführen. $\triangledown$

<u>Fall 2</u>: t teilt n aber nicht p

Für solche Kombinationen sind die *verallgemeinerten Youden Rechtecke* (GYD $\triangleq$ Generalized Youden Design) universell optimal in $\Omega_{t,n,p}$, falls sie existieren (KIEFER, 1975). Ein GYD ist ein Versuchsplan, bei dem jede Behandlung in jeder Zeile gleich oft, also genau n/t mal vorkommt und bei dem die Behandlungen in den Spalten einen *ausgewogenen Blockplan* (BBD $\triangleq$ Balanced Block Design) bilden. Da in diesem Fall gleiche Blocklängen von vornherein und gleiche Behandlungshäufigkeiten durch die Balancierung in den Zeilen gegeben sind, ist ein BBD dann gegeben, wenn die Häufigkeiten verschiedener Behandlungen pro Spalte sich höchstens um Eins unterscheiden und wenn die Summe aller Paarvergleiche für jede Wahl von zwei verschiedenen Behandlungen stets gleich groß ist. Diese zweite Eigenschaft wird in dem folgenden Beispiel erläutert. Zuvor erinnern wir noch daran, daß ein balanzierter unvollständiger Blockplan (BIBD) ein BBD ist, bei dem jede Behandlung in jedem Block höchstens einmal vorkommt.

<u>Beispiel 2.2.2</u> (LUCAS, 1957): Der Plan

$$d = \begin{bmatrix} 1 & 2 & 3 & 4 \\ 2 & 4 & 1 & 3 \\ 3 & 1 & 4 & 2 \\ 4 & 3 & 2 & 1 \\ 4 & 3 & 2 & 1 \end{bmatrix} \in \Omega_{4,4,5}$$

ist ein GYD. Er ist balanciert in den Zeilen (jede Behandlung einmal) und nahezu balanciert in den Spalten (jede Behandlung ein- oder zweimal.) Das Behandlungspaar {1,2} kommt in Spalten 1 und 2 je einmal und in den Spalten 3 und 4 je zweimal, insgesamt also sechsmal vor.

Ebenso kommen alle anderen Behandlungspaare $\{i,j\}$, $i \neq j$, sechsmal vor. - Nimmt man die 3 ersten Zeilen von d als neuen Versuchsplan $\tilde{d}$, so ist $\tilde{d}$ in den Spalten ein BIBD und in Zeilen und Spalten ein GYD. $\triangledown$

Unter den Voraussetzungen $t|n$ und $t\nmid p$ existiert ein GYD genau dann, wenn ein BBD mit t Behandlungen und n Blöcken der Blocklänge p existiert. Zur allgemeinen Definition und Existenz eines BBD wird auf RAGHAVARAO, 1972, und KRAFFT, 1978, verwiesen. Falls kein GYD existiert, so gibt es in Einzelfällen Resultate über die Optimalität anderer Pläne (CHENG, 1978; WEMBER, 1982).

<u>Fall 3:</u> t teilt p aber nicht n

Dieser Fall ist analog zum Fall 2; man vertausche nur Zeilen und Spalten.

<u>Fall 4:</u> t teilt weder p noch n

Falls hier Pläne existieren, die in den Zeilen und in den Spalten jeweils ein BBD bilden (auch diese Pläne heißen GYD), sind sie immer A,- E- und $\tilde{E}$-optimal, aber nicht immer D-optimal (KIEFER, 1958, 1975). Einige Ergebnisse für Kombinationen von t,n und p, in denen keine GYD existieren, liegen vor (SONNEMANN, 1979; FELD, 1980; CHENG, 1981 und JACROUX, 1982).

3. Modelle mit additiven Nachwirkungen

3.1. Spaltennachwirkungen

Das folgende Modell wird häufig bei RM-Versuchen angewendet. Dabei bedeuten die Spalten die Versuchseinheiten und die Zeilen die Perioden. Die Messung an Einheit u in Periode k wird durch die Behandlung in der Periode davor beeinflußt. Also ergibt sich das Modell:

(2) $\quad y_{dku} = \alpha_k + \beta_u + \tau_{d(k,u)} + \rho_{d(k-1,u)} + e_{ku}$

Zu den Block- und Behandlungseffekten im Modell (1) kommt also der *Nachwirkungseffekt* (Residual Effect) $\rho_{d(k-1,u)}$ der Behandlung $d(k-1,u)$.

Zwei Varianten dieses Modells (2) sind zu unterscheiden. Setzt man voraus, daß die Versuchseinheiten vor Versuchsbeginn hinsichtlich der vorzunehmenden Behandlungen standardisiert sind (z.B. alle Einheiten sind unbehandelt, oder alle sind in gleicher Weise behandelt, aber nicht mit einer der zu prüfenden Behandlungen), so kann ein für alle Einheiten gleicher Nachwirkungseffekt ρ_o in der ersten Versuchsperiode (k=1) angenommen werden. Dieser Nachwirkungseffekt läßt sich dann aber nicht von dem Effekt α_1 der ersten Periode trennen. Deshalb kann man ihn mit dem Periodeneffekt zusammenfassen und dementsprechend formal voraussetzen:

(3) $\quad \rho_{d(o,u)} = o, \qquad 1 \leq u \leq n$.

Sind die Versuchseinheiten aber nicht in diesem Sinne standardisiert, liegen also unterschiedliche Vorbehandlungen vor, so müssen deren jeweilige Nachwirkungen berücksichtigt werden. Im allgemeinen wird dies nicht möglich sein, weil etwa nicht alle Vorbehandlungen bekannt sind oder weil auch andere, im Versuchsplan nicht vorgesehene Behandlungen zu erfassen sind. Dann ist es erforderlich, die Versuchseinheiten vor Versuchsbeginn schon zu behandeln, so daß man in der ersten Versuchsperiode wohldefinierte Nachwirkungseffekte im Modell berücksichtigen kann.

Behandelt man in dieser *Vorperiode* alle Versuchseinheiten mit derselben Behandlung (die von zu prüfenden Behandlungen verschieden ist), so erhält man standardisierte Einheiten und somit das Modell (2), (3). Dieser Weg kann jedoch nicht empfohlen werden, weil man damit die

Chance vergibt, durch geplanten Einsatz aller t Behandlungen auch in der Vorperiode einen Informationsgewinn zu erzielen. Besser ist es, die Versuchspläne auf die Vorperiode auszudehnen, also Abbildungen

$$(4) \quad d : \{0;1,\ldots,p\} \times \{1,\ldots,n\} \to \{1,\ldots,t\}$$

zu betrachten, und unter diesen nach einem optimalen Plan zu suchen.

Zu unterscheiden sind also die *Modelle ohne Vorperiode* (2), (3) und *mit Vorperiode* (2), (4). Während bei den ersten die Nachwirkungseffekte in der ersten Periode o.B.d.A. gleich Null angenommen werden (3), sind sie in den zweiten durch den erweiterten Versuchsplan (4) bestimmt.

Wir verwenden die jeweiligen OLS-Schätzer in den beiden Varianten des Modells (2) für $[\tau_i - \bar\tau_.]_{1 \leq i \leq t}$ und bestimmen die Pläne, die dann optimal sind. Den in diesen Modellen gleichermaßen interessierenden Schätzer für Unterschiede zwischen den Nachwirkungseffekten, also für $[\rho_i - \bar\rho_.]_{1 \leq i \leq t}$, können wir aus Platzmangel nicht diskutieren. Diesbezüglich verweisen wir auf die Literatur (SINHA, 1975; CHENG, WU, 1980; MAGDA, 1980; KUNERT, 1983a, 1984a, 1984b).

A. Modelle ohne Vorperiode

Fall 1: t teilt sowohl p als auch n

Falls sie existieren, sind sogenannte *stark balancierte GLS* universell optimal (CHENG, WU, 1980). Bei einem stark balancierten GLS treten die geordneten Paare aufeinanderfolgender Behandlungen innerhalb der Einheiten alle gleich häufig auf. D.h., Behandlung 1 folgt gleich häufig auf Behandlung 1,2,3,...,t, genauso 2 auf 1,2,...,t und so weiter. Eine notwendige Bedingung für die Existenz eines stark balancierten GLS ist, daß n ein Vielfaches von t^2 sowie $p \geq 2t$ ist.

Beispiel 3.1.1:

$$d = \begin{bmatrix} 1 & 1 & 2 & 2 \\ 1 & 2 & 2 & 1 \\ 2 & 2 & 1 & 1 \\ 2 & 1 & 1 & 2 \end{bmatrix} \in \Omega_{2,4,4}$$

und auch der Plan im Beispiel 2.2.1 sind stark balancierte GLS. ◁

Existiert kein stark balanciertes GLS, so kann man im Fall $p \geq 2t$ auf *nahezu stark balancierte GLS* ausweichen (falls diese existieren). Nahezu stark balancierte GLS wählen nicht mehr alle Paare gleich häufig, sondern so gleich wie möglich. D.h. die Häufigkeit des Auftretens zweier verschiedener geordneter Paare darf sich um höchstens Eins unterscheiden (KUNERT, 1983 a).

Beispiel 3.1.2:

$$d = \begin{bmatrix} 123 & 123 \\ 231 & 123 \\ 312 & 231 \\ 312 & 312 \\ 231 & 312 \\ 123 & 231 \end{bmatrix} \in \Omega_{3,6,6}$$

ist ein nahezu stark balanciertes GLS. Die Nachbarpaare 12, 23 und 31 kommen viermal und alle übrigen dreimal in den Spalten vor. ◁

Ist die Anzahl der Perioden p gleich t, so verwendet man *balancierte GLS*. Hier treten alle geordneten Paare nichtidentischer Behandlungen gleich häufig auf, während keine Behandlung auf sich selber folgend angewendet wird. Über die Existenz solcher GLS gibt es eine umfangreiche Literatur (siehe z.B. DÉNES, KEEDWELL, 1974, oder HEDAYAT, AFSARINEJAD, 1978). Die balancierten GLS sind universell optimal in $\Omega_{t,t,t}$ und $\Omega_{t,2t,t}$. Falls jedoch die Anzahl n der Einheiten hinreichend groß ist, gibt es Versuchspläne (diese sind keine GLS), die

universell besser sind. Balancierte GLS $\in \Omega_{t,n,t}$ sind aber auf jeden
Fall sehr effizient (KUNERT, 1984 a).

<u>Beispiel 3.1.3</u> (WILLIAMS, 1949):

$$d_1 = \begin{bmatrix} 123 & 123 \\ 231 & 312 \\ 312 & 231 \end{bmatrix} \in \Omega_{3,6,3} \; , \qquad d_2 = \begin{bmatrix} 1 & 2 & 3 & 4 \\ 2 & 4 & 1 & 3 \\ 3 & 1 & 4 & 2 \\ 4 & 3 & 2 & 1 \end{bmatrix} \in \Omega_{4,4,4}$$

und

$$d_3 = \begin{bmatrix} 5 & 1 & 4 & 2 & 3 & & 3 & 4 & 2 & 5 & 1 \\ 1 & 2 & 5 & 3 & 4 & & 2 & 3 & 1 & 4 & 5 \\ 4 & 5 & 3 & 1 & 2 & & 4 & 5 & 3 & 1 & 2 \\ 2 & 3 & 1 & 4 & 5 & & 1 & 2 & 5 & 3 & 4 \\ 3 & 4 & 2 & 5 & 1 & & 5 & 1 & 4 & 2 & 3 \end{bmatrix} \in \Omega_{5,10,5}$$

sind balancierte GLS. $\triangledown$

Ein Sonderfall ist der Vergleich von t = 2 Behandlungen. Die balancierten GLS

$$d^* = \begin{bmatrix} 1 & \ldots & 1 & 2 & \ldots & 2 \\ 2 & \ldots & 2 & 1 & \ldots & 1 \end{bmatrix} \in \Omega_{2,n,2}$$

erlauben in unserem Modell die Schätzung von $\tau_1 - \tau_2$ nicht. (Damit
folgt, daß auch im Modell mit Nachwirkungseffekten und zufälligen
Einheitseffekten kein linearer erwartungstreuer Schätzer für $\tau_1 - \tau_2$
existiert, dessen Varianz unabhängig von der Varianz der Einheiten
ist. Dies erklärt das schlechte Abschneiden dieser Pläne in der
Arbeit von GRIZZLE (1965).) In unserem Modell optimal sind Pläne,
bei denen gleich viele Einheiten mit 1,1 wie mit 1,2 und gleich
viele Einheiten mit 2,2 wie mit 2,1 vorkommen (KUNERT, 1984a).

<u>Beispiel 3.1.4:</u>

Für sechs Einheiten ergibt sich (bis auf Permutationen der Einheiten)
als Menge der optimalen Pläne

$$\left\{ \begin{bmatrix} 1 & 1 & 1 & 1 & 1 & 1 \\ 1 & 1 & 1 & 2 & 2 & 2 \end{bmatrix}, \begin{bmatrix} 1 & 1 & 1 & 1 & 2 & 2 \\ 1 & 1 & 2 & 2 & 1 & 2 \end{bmatrix}, \begin{bmatrix} 1 & 1 & 2 & 2 & 2 & 2 \\ 1 & 2 & 1 & 1 & 2 & 2 \end{bmatrix}, \begin{bmatrix} 2 & 2 & 2 & 2 & 2 & 2 \\ 1 & 1 & 1 & 2 & 2 & 2 \end{bmatrix} \right\} .$$

Alle diese Pläne schätzen $\tau_1 - \tau_2$ mit der gleichen Varianz. $\triangledown$

Fall 2: t teilt n oder p nicht

In manchen Fällen läßt sich die Optimalität bestimmter GYD nachweisen (CHENG, WU, 1980; KUNERT, 1983 a). Es sind dies GYD, bei denen Behandlungseffekte und Nachwirkungseffekte orthogonal zueinander sind, d.h. ihre Kleinste-Quadrate-Schätzer sind stochastisch unabhängig. Die Orthogonalitätsbedingung hängt von dem GYD ab; sie ist eine Bedingung an die Häufigkeit des Auftretens der geordneten Paare innerhalb der Einheiten. In manchen Fällen verlangt die Bedingung starke Balanciertheit (CHENG, WU, 1980), in anderen aber nicht (KUNERT, 1983 a).

Beispiel 3.1.5: LUCAS (1957) verwendete zum Vergleich dreier Behandlungen (vermutlich Futtermittel) in ihrer Wirkung auf die Milchleistung von Kühen folgenden Versuchsplan (4 Perioden, 12 Kühe):

$$d = \begin{bmatrix} 1 & 2 & 3 & 1 & 2 & 3 & 1 & 2 & 3 & 1 & 2 & 3 \\ 2 & 3 & 1 & 3 & 1 & 2 & 2 & 3 & 1 & 3 & 1 & 2 \\ 3 & 1 & 2 & 2 & 3 & 1 & 3 & 1 & 2 & 2 & 3 & 1 \\ 3 & 1 & 2 & 2 & 3 & 1 & 3 & 1 & 2 & 2 & 3 & 1 \end{bmatrix} \in \Omega_{3,12,4}$$

Betrachtet man nur die ersten 3 Zeilen dieses Plans, so ist ein balanciertes GLS $\tilde{d} \in \Omega_{3,12,3}$ gegeben. Daraus erhält man d durch Wiederholen und Hinzufügen der dritten Zeile. Dieser Plan und auch der Plan im Beispiel 2.2.2, der nach demselben Prinzip konstruiert ist, sind universell optimal. (CHENG, WU, 1980). $\triangledown$

B. Modelle mit Vorperiode

Während im Modell ohne Vorperiode ein Plan $d \in \Omega_{t,n,p}$ gerade $n(p-1)$ geordnete Paare aufeinanderfolgender Behandlungen innerhalb der Einheiten festlegt, sind es im Modell mit Vorperiode np Paare, bedingt durch die n zusätzlichen Paare aus den Perioden 0 und 1. Deshalb ist es im Fall, daß t sowohl p als auch n teilt, leichter einen optimalen Versuchsplan zu konstruieren, weil man möglicherweise die Anzahlen der t^2 verschiedenen Paare balancieren kann. Gelingt es, zu einem nahezu stark balancierten GLS die Vorperiode so zu wählen, daß alle Paare gleich oft vorkommen, so hat man einen universell optimalen Plan gefunden.

Beispiel 3.1.6:

Balancierte GLS, bei denen die erste Periode auch als Vorperiode eingesetzt wird, sind universell optimal in $\Omega_{t,n,t}$ für alle $t \geq 2$. Pläne dieser Art sind im Beispiel 3.1.3 angegeben. Auch das nahezu stark balancierte GLS im Beispiel 3.1.2 läßt sich durch Wahl der Vorperiode gleich der ersten Periode balancieren und ergibt somit einen universell optimalen Plan (SONNEMANN, 1982, und KUNERT, 1933a). ◿

Doch ist die so erreichte starke Balanciertheit nicht unbedingt notwendig für die Optimalität. Entscheidend ist vielmehr die Orthogonalität zwischen Behandlungs- und Nachwirkungseffekten (vgl. 3.1.A, Fall 2).

Beispiel 3.1.7:

$$
d = \begin{bmatrix}
111 & 111 & 111 \\
\hline
123 & 123 & 123 \\
111 & 222 & 333 \\
231 & 231 & 231 \\
312 & 312 & 312 \\
333 & 111 & 222
\end{bmatrix} \in \Omega_{3,9,6}
$$

ist ein Beispiel für ein nicht stark balanciertes, aber orthogonales und damit universell optimales GLS mit Vorperiode. Die Konstruktion erfolgte durch Setzen einer Vorperiode aus nur Einsen vor ein stark balanciertes GLS ohne Vorperiode (KUNERT, 1983a). $\square$

Nur wenige Ergebnisse existieren bisher für Fälle, in denen t nicht n oder nicht p teilt.

Beispiel 3.1.8:

$$d = \begin{bmatrix} 1 & 2 & 1 \\ \hline 1 & 2 & 1 \\ 2 & 1 & 2 \end{bmatrix} \in \Omega_{2,3,2}$$

ist ein universell optimales GYD (DONNER, 1981). $\square$

3.2. Spalten- und Zeilennachwirkungen

Berücksichtigt man Zeilennachwirkungen zusätzlich, so führt dies zu der Modellgleichung

$$(5) \quad y_{dku} = \alpha_k + \beta_u + \tau_{d(k,u)} + \rho_{d(k-1,u)} + \kappa_{d(k,u-1)} + e_{ku}$$

mit fünf additiven Effekten. Will man aber einen Feldversuch in dieser Art modellieren, so muß man "Nachwirkungseffekte" in vier (nicht nur zwei) Richtungen berücksichtigen und erhält ein Modell mit sieben additiven Effekten. Sicherlich sind solche Additivitätsvoraussetzungen wenig realistisch, und es gibt vielleicht deshalb bisher keine Untersuchungen für Modelle dieser Art. Allerdings lassen sich die mathematischen Methoden, die für die einfachen Nachwirkungsmodelle (2) universell optimale Pläne liefern, auch hierfür erfolgreich einsetzen (darauf hat SONNEMANN, 1982, hingewiesen).

Beispiel 3.2.1: Der Plan

$$
d = \left[\begin{array}{c|cccccccc|c}
 & 1\;2\;3\;4 & & 4\;3\;2\;1 & \\
\hline
1 & 1\;2\;3\;4 & & 4\;3\;2\;1 & 1 \\
2 & 2\;4\;1\;3 & & 3\;1\;4\;2 & 2 \\
3 & 3\;1\;4\;2 & & 2\;4\;1\;3 & 3 \\
4 & 4\;3\;2\;1 & & 1\;2\;3\;4 & 4 \\
\hline
 & 4\;3\;2\;1 & & 1\;2\;3\;4 & \\
\end{array} \right] \in \Omega_{4,8,4}
$$

ist ein GLS, balanciert in den Spalten und nahezu stark balanciert
in den Zeilen. Durch die Wahl der vier Randstreifen wird starke
Balanciertheit in allen vier Richtungen erzielt. ◹

4. Modelle mit Nachbarkorrelationen

4.1. Kovarianzstrukturen

Zu anderen Modellen führt die Annahme, daß der Zusammenhang der
Messungen innerhalb der Blöcke nicht durch Nachwirkungseffekte der
Behandlungen (das sind additive Translationen der Erwartungswerte)
sondern durch Korrelationen der Fehler gegeben ist. Dann sind in
dem Modell

$$
(6) \qquad y_{dku} = \alpha_k + \beta_u + \tau_{d(k,u)} + \tilde{e}_{ku}
$$

die $\tilde{e}_{ku}$ nicht mehr wie in (1) unabhängig, sondern nach bestimmten
Strukturen untereinander korreliert. Sowohl lineare als auch planare
Korrelationsstrukturen sind untersucht worden.

A. Lineare Strukturen: Die Korrelationen bestehen nur in einer
Richtung, o.B.d.A. innerhalb der Spalten; Meßfehler aus verschie-
denen Spalten sind unkorreliert. Diese Annahmen entsprechen der
Situation bei einem RM-Versuch mit unabhängigen Versuchseinheiten.
Sie können u.U. auch bei einem Feldversuch gegeben sein, wenn die

einzelnen Spalten auseinanderliegende Felder sind (und dennoch ein gleichartiger Zeileneinfluß vorausgesetzt werden kann).

Bei der *NN-Struktur* (Nearest Neighbour) sind nur die jeweils direkt benachbarten Meßfehler korreliert mit gleicher Korrelation λ. D.h. die Messung in Spalte u und Zeile k ist korreliert mit den beiden Messungen in der gleichen Spalte in den Zeilen k-1 und k+1. Die Spaltenfehlervektoren $\tilde{e}_u = (\tilde{e}_{1u}, \ldots, \tilde{e}_{pu})$, haben also die Kovarianzmatrix

$$\text{Cov } \tilde{e}_u = \sigma^2 \begin{bmatrix} 1 & \lambda & & & \\ \lambda & 1 & \lambda & & O \\ & \cdot & \cdot & \cdot & \\ & & \cdot & \cdot & \cdot \\ & O & & \lambda & 1 & \lambda \\ & & & & \lambda & 1 \end{bmatrix} ,$$

und sind untereinander unkorreliert. In der Regel nimmt man an, daß λ betragsmäßig klein ist, aber unbekannt.

Eine weitere Möglichkeit ist das stationäre autoregressive Schema. Hier sind die Messungen in der k-ten und in der ℓ-ten Zeile einer Spalte jeweils mit dem Korrelationskoeffizienten $\lambda^{|k-\ell|}$ korreliert, so daß die Kovarianzmatrix folgende Gestalt hat

$$\text{Cov } \tilde{e}_u = \frac{\sigma^2}{1-\lambda^2} \begin{bmatrix} 1 & \lambda & \lambda^2 & \cdots & \lambda^{p-1} \\ \lambda & 1 & \lambda & \cdots & \lambda^{p-2} \\ \cdot & & & & \cdot \\ \cdot & & & & \cdot \\ \lambda^{p-1} & \lambda^{p-2} & \lambda^{p-3} & \cdots & 1 \end{bmatrix} .$$

Diese Struktur nennen wir kurz die *AR1-Struktur*. Ist λ betragsmäßig klein, so kann die NN-Struktur als Approximation der AR1-Struktur aufgefaßt werden.

Generell kann λ positiv oder negativ sein. Bisweilen wird für mathematische Untersuchungen der AR1-Struktur vorausgesetzt, daß λ bekannt ist.

2. Planare Strukturen: Die NN-Struktur in der Ebene (KIEFER, WYNN, 1981) berücksichtigt, daß eine Messung nicht nur mit ihren beiden Nachbarn in der gleichen Spalte, sondern auch mit ihren beiden Nachbarn in der gleichen Zeile korreliert ist (hier mit dem Korrelationskoeffizienten μ).

Das autoregressive Schema läßt sich verallgemeinern (MARTIN, 1978), indem angenommen wird, daß die Messung an der Stelle (k,u) und die an der Stelle (ℓ,v) mit den Korrelationskoeffizienten $\lambda^{|k-\ell|}\mu^{|u-v|}$ korreliert sind. Dieser Ansatz hat den Nachteil, daß die Korrelation nicht mehr wie beim autoregressiven Schema in der linearen Struktur exponentiell mit der Entfernung abnimmt. Man nehme z.B. den Fall $\lambda = \mu$. Dann ist die Messung y_{dku} mit der Messung $y_{dk+1u-1}$ genauso korreliert wie mit der Messung y_{dku+2}. Deshalb hat BECHER (1982) vorgeschlagen, einen diskreten planaren Exponentialprozeß zu verwenden, bei dem

$$\lambda^{|k-\ell|}\mu^{|u-v|} = \exp[\,|k-\ell|\ln\lambda + |u-v|\ln\mu\,]$$

ersetzt wird durch

$$\exp[\,(|k-\ell|\ln\lambda)^2 + (|u-v|\ln\mu)^2\,]^{1/2}\,.$$

4.2. Spaltenkorrelationen

Untersuchungen über optimale Pläne bei korrelierten Fehlern gibt es noch relativ wenige. Wir wollen uns daher auf den Fall beschränken, daß n durch t teilbar und $p = t$ ist. Wir haben schon gesehen, daß bei den additiven Nachwirkungen die optimalen Pläne im Falle $p \neq t$ teilweise ganz andere Strukturen haben als im Falle $p = t$. Ähnliches wird auch bei korrelierten Fehlern gelten.

A. NN-Struktur

Der Vektor $[\tau_i - \bar{\tau}_.]_{1 \leq i \leq t}$ werde durch den Kleinste-Quadrate-Schätzer

aus dem Modell (1) geschätzt bei Vorliegen einer NN-Struktur mit

unbekanntem Korrelationskoeffizienten λ. Mit den Methoden von KIEFER

und WYNN, 1981, läßt sich zeigen, daß dann unter den GLS $d \in \Omega_{t,n,t}$

spezielle GLS d^* schwach universell optimal sind. Solch ein d^* muß

die Bedingung erfüllen, daß die *ungeordneten* Paare in einer Spalte

direkt nebeneinander stehender verschiedener Behandlungen gleich

häufig vorkommen. (Gleiche Behandlungen können bei einem GLS

$d \in \Omega_{t,n,t}$ nicht in der gleichen Spalte nebeneinander stehen.)

Solche GLS wollen wir *Williams-Pläne* nennen (vgl. E.J. WILLIAMS,

1949, und R.M. WILLIAMS, 1952). Williams-Pläne existieren immer

in $\Omega_{t,n,t}$ mit $t|n$. Insbesondere ist jedes balancierte GLS ein

Williams-Plan.

Beispiel 4.2.1: Auch der Plan

$$d = \begin{bmatrix} 1 & 2 & 3 \\ 2 & 3 & 1 \\ 3 & 1 & 2 \end{bmatrix} \in \Omega_{t,t,t}$$

ist ein Williams-Plan (obgleich er nicht balanciert ist). $\triangledown$

Beispiel 4.2.2: Betrachtet man die Pläne

$$d_1 = \begin{bmatrix} 1 & 2 & 3 & 4 \\ 2 & 4 & 1 & 3 \\ 3 & 1 & 4 & 2 \\ 4 & 3 & 2 & 1 \end{bmatrix} \in \Omega_{4,4,4} \quad \text{und} \quad d_2 = \begin{bmatrix} 1 & 2 & 3 & 4 \\ 2 & 1 & 4 & 3 \\ 3 & 4 & 2 & 1 \\ 4 & 3 & 1 & 2 \end{bmatrix} \in \Omega_{4,4,4} \; ,$$

so ist d_1 als Williams-Plan schwach universell optimal unter den

lateinischen Quadraten $d \in \Omega_{4,4,4}$. D-optimal in dieser Menge ist aber

der Plan d_2. Universelle Optimalität läßt sich also i.a. nicht

nachweisen. $\triangledown$

B. AR1-Struktur mit unbekannter Korrelation

Auch bei einer AR1-Struktur mit unbekanntem Korrelationskoeffizienten λ ist der gewöhnliche Kleinste-Quadrate-Schätzer für den Vektor $[\tau_i-\bar{\tau}.]_{(1\leq i\leq t)}$ erwartungstreu. Für diesen OLS-Schätzer kann man dann zeigen, daß spezielle Williams-Pläne unter den verallgemeinerten lateinischen Quadraten $d \in \Omega_{t,n,t}$ schwach universell optimal sind (KUNERT, 1982). Diese Pläne müssen neben den ungeordneten Paaren von direkten Nachbarn auch die Paare von Nachbarn zweiter, dritter bis $(t-1)$-ter Ordnung balancieren. Eine notwendige Bedingung für die Existenz solcher Pläne ist, daß n durch $t(t-1)/2$ teilbar ist.

<u>Beispiel 4.2.3:</u> Der Plan

$$
d = \begin{bmatrix}
5 & 1 & 4 & 2 & 3 & & 5 & 2 & 3 & 4 & 1 \\
1 & 2 & 5 & 3 & 4 & & 3 & 5 & 1 & 2 & 4 \\
4 & 5 & 3 & 1 & 2 & & 2 & 4 & 5 & 1 & 3 \\
2 & 3 & 1 & 4 & 5 & & 1 & 3 & 4 & 5 & 2 \\
3 & 4 & 2 & 5 & 1 & & 4 & 1 & 2 & 3 & 5
\end{bmatrix} \in \Omega_{5,10,5}
$$

erfüllt die oben angegebenen Bedingungen für schwache universelle Optimalität unter den GLS $d \in \Omega_{5,10,5}$. $\Box$

Da die Menge der GLS $d \in \Omega_{t,n,t}$ für $\lambda = 0$ gleich der Menge der universell optimalen Pläne in $\Omega_{t,n,t}$ ist, gibt es für λ ein Intervall um Null, in dem der Plan, der unter den GLS schwach universell optimal ist, auch in $\Omega_{t,n,t}$ schwach universell optimal ist. Eine grobe, d.h. viel zu kleine Abschätzung für dieses Intervall gibt KUNERT (1982, Behauptung 4.2.3).

C. AR1-Struktur mit bekannter Korrelation

Ist der Korrelationskoeffizient λ bekannt, so kann der gleichmäßig beste lineare erwartungstreue Schätzer für $[\tau_i-\bar{\tau}.]_{1\leq i\leq t}$ berechnet werden, der *WLS-Schätzer* ($\triangleq$ Weighted Least Squares).

Hierfür ist in $\Omega_{t,n,t}$ ein spezieller Williams-Plan (falls ein solcher existiert) universell optimal, falls λ nicht zu weit im negativen Bereich liegt (KUNERT, 1983b). Dieser Williams-Plan balanciert neben den direkten Nachbarn auch die ungeordneten Paare, die zwischen erster und letzter Zeile der einzelnen Spalten auftreten, also die Nachbarn $(t-1)$-ter Ordnung. Notwendige Bedingung für die Existenz solcher Pläne ist wieder, daß n durch $t(t-1)/2$ teilbar ist. Die Pläne aus B erfüllen natürlich diese Bedingung.

Für den Fall des WLS-Schätzers existieren auch für Pläne mit weniger als $t(t-1)/2$ Spalten Ergebnisse. So gelang es zu zeigen, daß auch der schlechteste Williams-Plan $d \in \Omega_{t,n,t}$ $(n \leq t(t-1)/2)$ nach dem E-Kriterium für jedes λ besser als jedes andere GLS ist. Insbesondere sind alle Williams-Pläne $d^* \in \Omega_{t,t,t}$ für jedes $\lambda \in [-1/t,\ 1/2]$ E-besser als sogar jeder andere Plan $d \in \Omega_{t,t,t}$ (KUNERT, 1983b).

<u>Beispiel 4.2.4:</u> Im Spezialfall $t = n = p = 4$ hat BUDDE, 1982, gezeigt, daß der (bis auf Permutationen) einzige Williams-Plan

$$d^* = \begin{bmatrix} 1 & 2 & 3 & 4 \\ 2 & 4 & 1 & 3 \\ 3 & 1 & 4 & 2 \\ 4 & 3 & 2 & 1 \end{bmatrix} \in \Omega_{4,4,4}$$

D-optimal ist unter den lateinischen Quadraten $d \in \Omega_{4,4,4}$ für alle λ (eine Vermutung von BERENBLUT, WEBB, 1974). Für $\lambda \in [-1/3;\ 1/2]$ ist d^* sogar D-, A- und E-optimal in $\Omega_{4,4,4}$ (KUNERT, 1983b). Außerhalb dieses Intervalls gibt es Pläne (keine lateinischen Quadrate), die besser sind als d^*. Als Beispiel sei der Plan

$$d_1 = \begin{bmatrix} 1 & 2 & 3 & 4 \\ 1 & 2 & 3 & 4 \\ 4 & 3 & 2 & 1 \\ 2 & 4 & 1 & 3 \end{bmatrix} \in \Omega_{4,4,4}$$

angeführt, der für $\lambda < -0{,}35$ nach dem E-Kriterium (KUNERT, 1983b) und für $\lambda < -0,41$ auch nach dem D-Kriterium besser als d^* ist (BUDDE, 1982). Für $\lambda > 0,73$ ist der Plan

$$d_2 = \begin{bmatrix} 1 & 4 & 3 & 2 \\ 4 & 3 & 2 & 1 \\ 1 & 2 & 4 & 3 \\ 3 & 1 & 2 & 4 \end{bmatrix} \in \Omega_{4,4,4}$$

E-besser als d^* (KUNERT, 1983b). $\Box$

4.3. Spalten- und Zeilenkorrelationen

Wie die Beispiele im vorangegangenen Abschnitt 4.2 zeigen, kann man auch für Modelle mit planaren Korrelationsstrukturen keine allgemein gültigen Aussagen erwarten.

KIEFER und WYNN, 1982 haben für die NN-Struktur im Spezialfall $\lambda = \mu$ zeigen können, daß unter den lateinischen Quadraten die Williams-Pläne schwach universell optimal sind, die nicht nur in den Spalten, sondern auch in Zeilen die ungeordneten Nachbarpaare balancieren. Der Plan im Beispiel 4.2.4 hat diese Eigenschaft.

Für die verallgemeinerte AR1-Struktur mit den Korrelationen $\lambda^{|k-\ell|} \mu^{|u-v|}$ hat MARTIN, 1977, numerische Untersuchungen zur A-Optimalität bei Verwenden sowohl des OLS-Schätzers als auch des WLS-Schätzers vorgelegt. Ähnliche Untersuchungen zur D-Optimalität beim OLS-Schätzer hat BECHER, 1982, durchgeführt. Er hat in diesem Zusammenhang auch die Struktur des genannten diskreten planaren Exponentialprozesses betrachtet.

Erwähnt werden muß in diesem Zusammenhang auch noch die Arbeit von MARTIN, 1982, in der die planare Struktur auf einen Torus verlegt wird, so daß die mathematischen Strukturen vereinfacht und allgemeinere Ergebnisse möglich werden.

5. Schluß

Dieser Überblick über die Ergebnisse der mathematischen Versuchsplanung
für rechteckige Versuchspläne mit Nachbarschaftsstrukturen läßt folgende Schlüsse zu:

Wirken sich die Nachbarschaftsstrukturen durch zusätzliche additive
Nachwirkungseffekte aus, so erhält man universell optimale Versuchspläne, indem man nicht nur die Behandlungen in den Blöcken balanciert
(also verallgemeinerte lateinische Quadrate wählt), sondern auch noch
den Nachwirkungen entsprechend die geordneten Nachbarpaare balanciert
(also im Idealfall ein stark balanciertes GLS wählt). Existieren zu den
gegebenen Parametern t,n und p diese Pläne nicht, so bleibt der Grund-
satz, alles so gut wie möglich zu balancieren, gültig. Jedoch ist die
angenäherte Balance nicht immer leicht zu erkennen, so daß die Spezial-
literatur zu Rate gezogen werden sollte.

Während man mit additiven Effekten gerichtete Strukturen modellieren
kann, läßt sich dies mit Korrelationseffekten nicht erreichen. Deshalb
hat man bei den Modellen mit Korrelationsstrukturen die ungeordneten
Nachbarpaare zu balancieren. Die verschiedenen Resultate für die NN-
und die AR1-Struktur bei OLS-Schätzer zeigen, daß für größenordnungs-
mäßig geringe Korrelationen spezielle Williams-Pläne recht gut (schwach
universell optimal) sind. Hat man aber mit großen negativen oder positiven Korrelationen zu rechnen, so belegen die Ergebnisse für den WLS-
Schätzer, daß die besten Pläne nicht nur unter den lateinischen Quadraten zu suchen sind.

LITERATURHINWEISE

[1]   ANDERSON, R.L.; BANCROFT, T.A. (1952): Statistical theory in research. McGraw Hill, New York.

[2]   BECHER, H. (1982): Planare Versuchspläne bei spezieller Kovarianzstruktur. Dipl.-Arb., Abt. Statistik, U Dortmund.

[3]   BERENBLUT, I.I.; WEBB, G.I. (1974): Experimental design in the presence of autocorrelated errors. Biometrika 61, 427-437.

[4]   BUDDE, M. (1982): Optimale Zweifachblockpläne bei seriell korrelierten Fehlern. Forschungsber. 82,2, Abt. Statistik, U Dortmund (erscheint in Metrika).

[5]   CHENG, C.S. (1978): Optimal designs for the elimination of multiway heterogenity. AS 6, 1262-1272.

[6]   CHENG, C.S. (1981): Optimality and construction of pseudo-Youden designs. AS 9, 200-204

[7]   CHENG, C.S.; WU, C.F. (1980 und 1983): Balances repeated measurements designs. AS 8, 1272-1283 und AS 11, 349.

[8]   DENES, J.; KEEDWELL, A.D. (1974): Latin squares and their applications. Academic Press, London.

[9]   DONNER, A. (1981): U-optimale Zeilen-Spaltenpläne mit einfacher Zeilennachwirkung für den Vergleich zweier Behandlungen. Dipl.-Arb., Abt. Statistik, U Dortmund.

[10] FELD, M. (1980): D-optimale Zeilen-Spaltenpläne für den Vergleich dreier Behandlungen. Dipl.-Arbeit., Abt. Statistik, U Dortmund.

[11] GRIZZLE, J.E. (1965): The two-period·change-over design and its use in clinical trials. Biometrics 21, 467-480.

[12] HARTUNG, J.; SCHMITZ, K.-J. (1978): Anlage und Interpretation statistischer Experimente. Vorlesung, U Bonn.

[13] HEDAYAT, A.; AFSARINEJAD, K. (1978): Repeated measurement designs II. AS 3, 619-628

[14] JACROUX, M.A. (1982): Some E-optimal designs for the one-way and two-way elimination of heterogenity. JRSS, B.44, 253-261.

[15] KIEFER, J. (1958): On the nonrandomized optimality and randomized nonoptimality of symmetrical designs. AMS 29, 675-699.

[16] KIEFER, J. (1975): Construction and optimality of generalized Youden designs, in J.N. Srivastava (ed.): A survey of statistical design and linear models. North Holland Comp., Amsterdam, 333-353.

[17] KIEFER, J.; WYNN, H.P. (1981): Optimum balanced and latin square designs for correlated observations. AS 9, 737-757.

[18] KRAFFT, O. (1978): Lineare statistische Modelle und optimale Versuchsplanung. Vandenhoeck & Ruprecht, Göttingen.

[19] KUNERT, J. (1982): Optimale Versuchspläne bei einfachen Modellen
      für Repeated Measurements Designs. Diss., Abt. Statistik, U Dort-
      mund.

[20] KUNERT, J. (1983a): Optimal design and refinement of the linear
      model with applications to repeated measurements designs. AS 11,
      247-257.

[21] KUNERT, J. (1983b): Optimal repeated measurements designs for
      correlated observations and analysis by generalized least squares.
      Forschungsber. 83,5, Abt. Statistik, U Dortmund (eingereicht bei
      Biometrika).

[22] KUNERT, J. (1984a): Optimality of balanced uniform repeated mea-
      surements designs. AS 12 (1984), (erscheint).

[23] KUNERT, J. (1984b): Designs balanced vor circular residual effects.
      (eingereicht bei Comm. Statist.).

[24] LUCAS, H.L. (1957): Extra-period latin-square change-over designs.
      J. Dairy Sci. 40, 225-239.

[25] MAGDA, C.G. (1980): Circular balanced repeated measurements de-
      signs. Comm. Statist., A9, 1901-1918.

[26] MARTIN, R.J. (1977): Spatial models with applications in sampling
      and experimental design. Diss., London.

[27] MARTIN, R.J. (1982): Some aspects of experimental design and ana-
      lysis when errors are correlated. Biometrika 69, 597-612.

[28] RAGHAVARAO, D. (1971): Constructions and combinatorial problems
      in design of experiments. Wiley, New York.

[29] RAO, C.R. (1948): Tests of significance in multivariate analysis.
      Biometrika 35, 58-79.

[30] SINHA, B.K. (1975): On some optimum properties of serially ba-
      lanced designs. Sankhyā B 37, 173-192.

[31] SONNEMANN, E. (1979): U-optimum row-column designs for the com-
      parision of two treatments. Forschungsber. 79,5, Abt. Statistik,
      U Dortmund (erscheint in Metrika).

[32] SONNEMANN, E. (1982): D-Optimality of complete latin squares.
      Math. Operationsforsch. Statist., Ser. Statistics, 13, 387-394.

[33] WEMBER, Th. (1982): Optimality and construction of certain asym-
      metric experimental design in row-column models. Forschungsber.
      82,6, Abt. Statistik, U Dortmund.

[34] WILLIAMS, E.J. (1949): Experimental designs balanced for the esti-
      mation of residual effects. Austr. J. Sci. Res., A 2, 149-168.

[35] WILLIAMS, R.M. (1952): Experimental designs for serially correla-
      ted observations. Biometrika 39, 151-167.

SEQUENTIELLE VERSUCHSPLÄNE BEI KLINISCHEN EXPERIMENTEN

P. Bauer
Institut für Medizinische Statistik und Dokumentation
Universität Wien
A-1090 Wien, Schwarzspanierstraße 17

Im folgenden soll ein (sehr lückenhafter) Versuch unternommen werden,
eine Übersicht darüber zu geben, was an sequentiellen Methoden für die
klinisch-medizinische Forschung geeignet ist oder sein könnte. Dabei
wird sicherlich die kritische Wertung und Abwägung der verschiedenen
Methoden und Ansätze etwas zu kurz kommen, einerseits weil dies den
Rahmen sprengen würde, andererseits weil eine solche überschauende Beurteilung in einem so delikaten, in ständiger Entwicklung stehenden Bereich seriös kaum bewältigt werden kann.

Sequentielle Experimente im allgemeinen sind dadurch definiert, daß das
Vorgehen auf jeder Stufe des Experiments davon abhängt, was bisher an
Ergebnissen gefunden wurde. Eine wesentliche Eigenheit dieser Methode
ist, daß der Stichprobenumfang nicht im vornherein festgelegt, sondern
eine Zufallsvariable ist.

Die Motivation für die sequentielle Vorgangsweisen kann auf verschiedene Weise erfolgen: Man wünscht sich beim Stichprobenumfang zu sparen,
die Fehler 1. und 2. Art simultan vorzugeben, ein Konfidenzintervall
vorgegebener Länge und Bedeckungswahrscheinlichkeit zu schätzen oder
aber die Anzahl von Individuen, die im Rahmen eines Therapievergleichs
mit dem unterlegenen Verfahren behandelt werden, möglichst gering zu
halten.

1. Verfahren auf der Basis des SPR-Tests für einfache Hypothesen

Ausgangspunkt der Entwicklung sequentieller Methoden dürfte die statistische Qualitätskontrolle gewesen sein, wobei von Abraham WALD (z.B.
1947) die Prüfung der Hypothesen

$$H: \pi \leq \pi_o \qquad\qquad\qquad (1)$$

in einer dichotomen Grundgesamtheit anhand der einfachen Ersatzhypothesen

$$H_O: \pi = \pi_- = \pi_O - d \qquad \text{und} \qquad H_1: \pi = \pi_+ = \pi_O + d \qquad (2)$$

vorgeschlagen wurde. Der Parameter π entsprach dabei etwa dem Anteil fehlerhafter Elemente in einem "großen" Produktionslos.

In der klinischen Medizin entspricht diese Prüfsituation dem Paarvergleich von zwei Behandlungen A oder B mit systematischer oder zufälliger Paarbildung. Vollzieht sich die Beurteilung des Behandlungserfolges anhand einer stetigen Zufallsvariablen, so wird man als Ergebnis eines Stichprobenpaares "A besser als B" ('+'Einheit) oder "B besser als A" ('-'Einheit) erhalten. Wird der Erfolg einer Behandlung jedoch z.B. nach einem dichotomen Kriterium bewertet, so ist im allgemeinen auch mit "ties" oder Paaren mit gleichem Ausgang zu rechnen. Ein Vorschlag lautet dann, die konkordanten Paare (++,--) zu ignorieren und den Anteil der '+-'Paare unter den diskordanten Paaren ('+-', '-+') zu prüfen. Man nennt dieses Vorgehen "doppelte Dichotomisierung" (vergl. WALD, 1947, ARMITAGE, 1975).

WALDs Methode zur praktischen Durchführung der Prüfung der Hypothesen (2) lautet:
Es seien $p_{H_O}^{(n)}$ und $p_{H_1}^{(n)}$ die Likelihoodfunktionen (bei der Binominalverteilung die Wahrscheinlichkeiten) nach n Beobachtungseinheiten unter der Hypothese H_O bzw. H_1. Setze die Stichprobenentnahme fort, solange

$$\frac{\beta}{1-\alpha} < \frac{p_{H_1}^{(n)}}{p_{H_O}^{(n)}} < \frac{1-\beta}{\alpha} \quad ; \qquad (3a)$$

beende die Stichprobenentnahme und nehme H_O an, sobald

$$\frac{p_{H_1}^{(n)}}{p_{H_O}^{(n)}} \leq \frac{\beta}{1-\alpha} \quad ; \qquad (3b)$$

beende die Stichprobenentnahme und nehme H_1 an, sobald

$$\frac{p_{H_1}^{(n)}}{p_{H_O}^{(n)}} \geq \frac{1-\beta}{\alpha} \quad . \qquad (3c)$$

Die Größen α und β stellen dabei für praktische Zwecke (α und β klein)
gute Näherungen für die Fehler 1. und 2. Art in den kritischen Punkten
$\pi_o - d$ und $\pi_o + d$ eines durch (3) definierten Verfahrens dar. Für $\pi < \pi_o - d$
und $\pi > \pi_o + d$ sind die tatsächlichen Irrtumswahrscheinlichkeiten kleiner
als in den kritischen Punkten, im "Indifferenzbereich" ($\pi_o - d$, $\pi_o + d$)
ist die Wahrscheinlichkeit für die beiden Entscheidungen nicht so streng
kontrolliert.

Bei der Binominalverteilung läßt sich dieses Verfahren des "Sequential-
probability-ratio"-Test (SPRT) graphisch einfach ausführen. Abb.1 zeigt
die graphische Repräsentation des SPRT mit $\pi_o - d = 0.4$ und $\pi_o + d = 0.6$;
z ist dabei der "numerische" Wert der Stichprobe, Anzahl der '+'Einheiten minus Anzahl der '-'Einheiten.

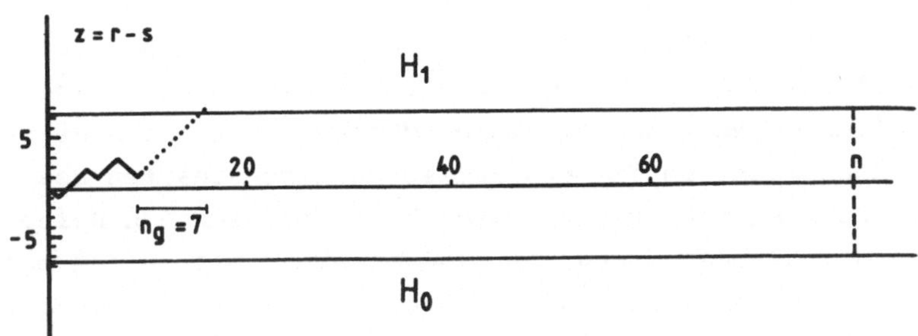

Abb.1: Graphische Darstellung eines offenen Sequential-Probability-
Ratio-Tests für die Hypothese $\pi \lessgtr 0.5$ in einer binominalver-
teilten Grundgesamtheit anhand der Ersatzhypothesen
H_o: $\pi = 0.5 - d = 0.4$ und H_1: $\pi = 0.5 + d = 0.6$, sowie $\alpha = \beta = 0.05$.
Abszisse: Stichprobenumfang n; Ordinate: Numerischer Wert der
Stichprobe z.

Die Stichprobenspur verläuft dabei im Falle einer beobachteten '+'Einheit einen Schritt nach "Nordost", im Falle einer '-'Einheit einen
Schritt nach "Südost". Erreicht oder kreuzt die Stichprobenspur die in
diesem Fall ($\pi_o = 0.5$) abszissenparallelen Entscheidungslinien, so wird
H_o bzw. H_1 angenommen, und entsprechend die ursprüngliche Hypothese H
in (1) angenommen bzw. abgelehnt.

WALD hat zwei Funktionen zur Beschreibung der statistischen Eigenschaften von sequentiellen Prüfverfahren ausführlich behandelt. Die OC-Funktion, P (Annahme $H|\pi$), und den durchschnittlichen Stichprobenumfang, $E(n|\pi)$. Er konnte einfach zeigen, daß bei derartigen "offenen" Plänen mit Wahrscheinlichkeit 1 für endliche n eine Entscheidung zugunsten einer der beiden Hypothesen H_o oder H_1 erfolgen muß. WALD und WOLFOWITZ (1948) konnten zeigen, daß in den kritischen Punkten $\pi_o - d$ und $\pi_o + d$ die durchschnittliche Stichprobenanzahl beim SPRT unter alle Sequentialtests mit nicht größeren Irrtumswahrscheinlichkeiten minimal ist. Allerdings muß in der Praxis im Indifferenzbereich $(\pi_o - d, \pi_o + d)$ zum Teil mit sehr langen Stichproben gerechnet werden. Der Erwartungswert des Stichprobenumfangs bei $\pi = 0.5$ ist beim Test aus Abb.1 etwa 55, wobei jedoch die Verteilung des Stichprobenumfangs stark rechtsschief ist.

1.1 Geschlossene Pläne

Um eine erhöhte Praktikabilität zu erreichen, hat schon WALD das "Abschneiden" oder "Schließen" des Sequentialtests empfohlen. Seine Faustregel, beim dreifachen Wert des maximalen durchschnittlichen Stichprobenumfangs abzuschneiden, um die statistischen Eigenschaften des offenen Tests nicht zu beeinträchtigen, würde beim vorliegenden Beispiel einen maximalen Stichprobenumfang über 160 ergeben, bis zu dem man im schlechtesten Fall sequentiell prüfen müßte. Schneidet man den offenen Plan aus Abb.1 schon bei $n_{max} = 80$ ab, so liegen die effektiven Irrtumswahrscheinlichkeiten $\alpha_{eff} = \beta_{eff} = 0.0511$ in den Punkten π_- und π_+ nur geringfügig über den geforderten. Dabei ist bei n_{max} die Vorgangsweise gegenüber dem offenen Plan abgeändert: ist $z > 0$, wird für H_1, ist $z < 0$ wird für H_o entschieden, bei $z = 0$ wird randomisiert mit Wahrscheinlichkeit 1/2 eine der beiden Entscheidungen getroffen. Trotzdem muß hingewiesen werden, daß etwa die Hälfte der Fehlentscheidungen bei diesem geschlossenen Plan beim maximalen Stichprobenumfang passieren.

1.2 Gruppierte Pläne

Als ein weiterer Nachteil für die Praxis wird häufig angeführt, daß bei der streng sequentiellen Vorgangsweise die Stichprobenentnahme erst dann fortgesetzt wird, wenn das Ergebnis des letzten Versuchs vorliegt. Organisatorische und zeitliche Vorteile kann man sich von einer Entnahme

der Stichproben in Gruppen erwarten. Bei der Binominalverteilung kann
man die Grenzen des SPRT auch für ein "natürlich" gruppiertes Verfahren verwenden. In Abb.1 ist die voll ausgezogene Stichprobenspur bei
$n = 9$ und $z = 1$ angelegt. Eine Entscheidung ist dann frühestens nach 7
weiteren Stichprobeneinheiten möglich, so daß als nächstes 7 Stichprobeneinheiten auf einmal untersucht werden können, ohne die statistischen Eigenschaften des Plans zu beeinflussen. Die Grenzen ließen sich
jedoch auch verwenden, wenn etwa immer nur nach Gruppen von jeweils 10
Stichprobeneinheiten ein Vergleich mit den kritischen Grenzen erfolgte.
Dies würde jedenfalls die Anforderungen an die Irrtumswahrscheinlichkeiten erfüllen, allerdings zu einer Erhöhung des durchschnittlichen
Stichprobenumfangs führen. Üblicherweise werden gruppierte Pläne auch
durch einen maximalen Stichprobenumfang begrenzt. Würde man den oben
erwähnten geschlossenen Plan mit $n_{max} = 80$ als Gruppierungsplan in n
Gruppen mit je 20 Stichproben anführen, so könnten bei den drei Stufen
$n = 20$, 40 und 60 die Entscheidungen schon ab $z \leq -7$ bzw. $z \geq 7$ erfolgen,
wobei wegen der geringeren Anzahl der durchgeführten Vergleiche die
effektiven Irrtumswahrscheinlichkeiten mit 0.0415 die gestellten Anforderungen erfüllen. Beim gruppierten Vorgehen können also die Entscheidungsgrenzen im allgemeinen enger gewählt werden.

1.3 Zweiseitige Fragestellung

Bis jetzt wurde nur die Prüfung einseitiger Hypothesen behandelt. Die
zweiseitige Fragestellung kann durch die Kombination von zwei einseitigen Tests der Art (3) behandelt werden.
Abb.2 zeigt ein Beispiel für die Prüfung der Hypothese $\pi = 0.5$ mit Irrtumswahrscheinlichkeit $2\alpha \leq 0.05$ anhand der drei Ersatzhypothesen
$H_-(\pi = 0.3)$, $H_0(\pi = 0.5)$ und $H_+(\pi = 0.7)$, wobei in den kritischen Punkten
$\pi = 0.3$ und 0.7 der Fehler 2. Art jeweils durch $\beta \leq 0.1$ beschränkt sind.
Neu gegenüber der bisherigen Betrachtungsweise ist die Möglichkeit, daß
auch eine Entscheidung für $\pi = 0.5$ auftreten kann, und zwar immer dann,
wenn die Stichprobenspur in den schraffiert gezeichneten Teil eindringt.

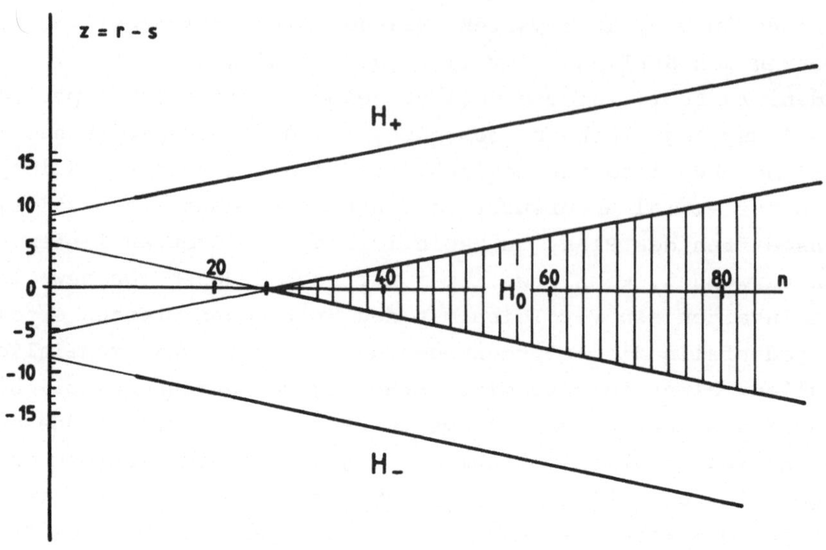

Abb.2: Graphische Darstellung eines offenen Sequentialtests
        zur zweiseitigen Prüfung der Hypothese $\pi = 0.5$ anhand
        der Ersatzhypothesen H_-: $\pi = 0.3$, H_0: $\pi = 0.5$ und
        H_+: $\pi = 0.7$, mit $2\alpha = 0.05$ und $\beta = 0.1$.

Es bestehen eine Reihe von Vorschlägen, wie man einen solchen offenen
zweiseitigen Plan abschließen oder abschneiden kann, wobei die Motivation ganz unterschiedlich sein kann. Abb.3 zeigt ein Beispiel von WOHL-
ZOGEN und SCHREIBER (1968), wobei versucht wird, den maximalen Stichprobenumfang n_{max} klein zu halten. Der Plan basiert auf den Ersatzhypothesen $\pi = 0.15$, 0.5 und 0.85 mit $2\alpha \leq 0.1$, $\beta \leq 0.05$. Die 45°-Geraden am
Ende des Entscheidungsbereichs für H_0 ($\pi = 0.5$) entsprechen einer "Ver-
kürzung" des Tests, da Stichprobenspuren innerhalb dieser Geraden keine
Entscheidung für H_- oder H_+ vor dem maximalen Stichprobenumfang n_{max}
erreichen können.

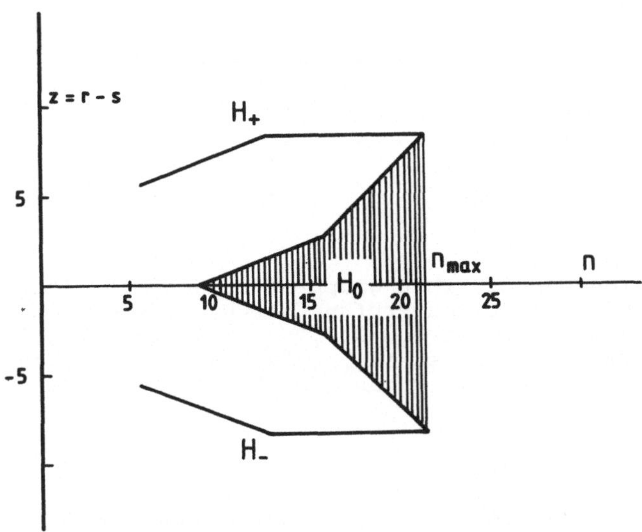

Abb.3: Graphische Darstellung eines geschlossenen Sequentialtests zur zweiseitigen Prüfung der Hypothese
$\pi = 0.5$ anhand der Ersatzhypothesen H_-: $\pi = 0.15$,
H_o: $\pi = 0.5$ und H_+: $\pi = 0.85$, sowie $2\alpha \leq 0.05$, $\beta \leq 0.05$.

Es wurden auch gruppierte Versionen des zweiseitigen Sequentialtests
bei der Binomialverteilung vorgeschlagen. Tab.1 zeigt einen Plan mit
den kritischen Werten $\pi_- = 0.3$, $\pi_o = 0.5$ und $\pi_+ = 0.7$, sowie $2\alpha \leq 0.05$ und
$\beta < 0.025$. Nach der ersten Gruppe (n = 25) sind dabei nur Entscheidungen
für H_- und H_+ möglich, wenn die kritischen Werte für die Anzahl der '+'
Einheiten erreicht oder unterschritten (r = 5) bzw. erreicht oder überschritten (r = 20) werden. Nach der zweiten Gruppe (n = 50) ist zum ersten Mal auch eine Entscheidung für H_o möglich (r = 25 oder z = 0), nach
der letzten Gruppe (n = 100) muß eine der drei Entscheidungen getroffen
werden.

Stufe	n_i	$\sum_i n_i$	H_-	H_o	H_+
1	25	25	5	-	20
2	25	50	14	25	36
3	25	75	26	33-42	49
4	25	100	39	40-60	61

Tab.1: Entscheidungsgrenzen für einen gruppierten Sequentialtest
mit 4 Stufen zur einseitigen Prüfung der Hypothese $\pi = 0.5$
anhand der Ersatzhypothesen $\pi_- = 0.3$, $\pi_o = 0.5$ und $\pi_+ = 0.7$,
sowie α, $\beta \leq 0.025$ (Havelec et al., 1974). Die kritischen
Werte beziehen sich auf die Anzahl der beobachteten "+"
Einheiten.

Allgemein kann man behaupten, daß für die bisher behandelte Binominalverteilung das Problem der Beschreibung der statistischen Eigenschaften der Verfahren für die Praxis ausreichend gelöst ist. Man kann im
Prinzip für sehr allgemeine Abbruchregeln die Wahrscheinlichkeiten für
die verschiedenen Stichprobenspuren im zweidimensionalen (z,n)-Gitter
relativ einfach numerisch berechnen.

2. Spezielle Verfahren für zusammengesetzte Hypothesen

Die Probleme werden verwickelter, wenn man das Testproblem nicht mehr
durch die Verwendung einfacher Ersatzhypothesen, wie im Abschnitt zuvor, lösen kann oder will. Betrachtet man z.B. den Vergleich zweier unabhängiger binomialverteilter Polulationen mit Erfolgswahrscheinlich-
keiten π_1 und π_2:

$$H: \pi_1 = \pi_2 \tag{4}$$

Es sei nun $\Theta = \pi_1 - \pi_2$ und $\phi = (\pi_1 + \pi_2)/2$, so ist die Likelihoodfunktion von der Form $p^{(n)}(\Theta,\phi;x)$. Bei Anwendungen läßt sich die zu prü-
fende Hypothese dann häufig als

$$H: \Theta = \Theta_o \tag{5}$$

schreiben, wobei der Störparameter ϕ nicht betroffen ist. Beim Vergleich zweier unabhängiger binomialverteilter Grundgesamtheiten lautet
diese Hypothese H: $\Theta = \pi_1 - \pi_2 = 0$. Ein Weg zur Behandlung dieses Pro-

blems besteht dann wieder durch die Benützung von Ersatzhypothesen der
Art

$$H_O: \Theta = \Theta_O(\phi) \qquad\qquad H_i: \Theta = \Theta_1(\phi). \qquad\qquad (6)$$

Somit verbleibt zu klären, wie man mit dem Störparameter verfährt.
A.WALD (1947) schlug vor, Gewichtsfunktionen $W_O(\phi)$ und $W_1(\phi)$ einzufüh-
ren, die er wie a-priori Verteilungen der Parameter unter den beiden
Hypothesen behandelt; dabei werden Erwartungswerte über die Likelihoodfunktionen gebildet und im Zähler und Nenner in (3) eingesetzt. Für das
spezielle Problem des sequentiellen t-Tests hat WALD Gewichtsfunktionen
mit besonderen Optimalitätseigenschaften angegeben. BARTLETT (1946)
schlug vor, laufend die ML-Schätzungen von ϕ unter den beiden Hypothe-
sen ($\hat{\phi}_{H_O}$ und $\hat{\phi}_{H_1}$) im Zähler und Nenner des SPRT einzusetzen. Von COX
(1952) stammt der Vorschlag, im Zähler und Nenner die uneingeschränkte
ML-Schätzung einzusetzen. WHITEHEAD (1979) hat für spezielle Hypothesen
$H_O: \Theta_O(\phi)$ ein Vorgehen vorgeschlagen, bei dem die Ableitung der Likelihoodfunktion unter der Einschränkung durch die Nullhypothesen betrachtet wird. Abgesehen von der WALDschen Methode der Gewichtsfunktionen
leiten diese Verfahren ihre Berechtigung von asymptotischen Argumenten
ab. JOANES (1972) hat einen Vergleich dieser Verfahren angestellt und
insbesondere bei COXens Vorschlag z.T. nennenswerte Vergrößerungen des
Fehlers 1. Art festgestellt. HOEL, WEISS & SIMON (1976) vergleichen
BARTLETTs Vorschlag mit dem WALDschen der doppelten Dichotomisierung
für Zufallspaarung aus den zwei zu vergleichenden unabhängigen binomialverteilten Grundgesamtheiten. Sie zeigten, daß die Methode von WALD
nur dann verwendet werden soll, wenn die "relative" Überlegenheit der
beiden Verfahren anhand des Quotienten des Chancenverhältnisses $\frac{\pi_1}{1-\pi_1}/$
$\frac{\pi_2}{1-\pi_2}$ geprüft wird, da bei Prüfung des absoluten Unterschieds $\pi_1 - \pi_2$
die erwartete Anzahl von Paaren weit höher ist als bei BARTLETTs Vor-
gehen. In jüngster Zeit (MEEKER, 1981) wurde für diesen Vergleich auch
ein sequentielles Analogon des exakten FISHER-Tests vorgestellt.

Für spezielle Fragen, wie dem sequentiellen t-Test, gibt es auch spezielle Lösungsvorschläge (BARNARD, 1952; COX, 1952), die auf einer Fak-
torisierung der Likelihoodfunktion beruhen; allerdings entspricht diese
Lösung dem Vorgehen nach WALD mit einer speziellen Wahl für die Gewichtsfunktionen. HAJNAL (1961) hat Entscheidungsgrenzen für den sequentiellen t-Test für zwei unabhängige Stichproben abgeleitet, wobei auch grup-

piertes Vorgehen möglich ist oder die Beobachtungen aus den beiden Populationen mit gleichbleibender Wahrscheinlichkeit in Zufallsreihenfolge eintreffen können. Auch abgeschlossene Versionen des t-Tests wurden vorgeschlagen (SCHNEIDERMANN & ARMITAGE, 1962). ANDERSON (1960) hat schon frühzeitig auf die Problematik hingewiesen, daß die Optimalitätseigenschaften des SPRT nur für den theoretischen Fall der Prüfung einfacher Hypothesen zum Tragen kommen, bei zusammengesetzten Hypothesen jedoch überlange Stichprobenspuren in solchen Parameterbereichen auftreten, die für die Fragestellung insofern keine Relevanz haben, daß die Wahrscheinlichkeiten für eine Fehlentscheidung nicht streng kontrolliert ist. Obwohl sich diese Situation durch das Abschließen eines SPRT wesentlich bessert, hat er spezielle konvergierende Entscheidungsgrenzen für die Prüfung des Mittelwertes einer normalverteilten Grundgesamtheit mit bekannter Varianz vorgeschlagen (vergl. SCHMITZ, 1982). Von SUICH & IGLEWICZ (1970) wurde dieses Prinzip auch auf den sequentiellen t-Test angewandt.

Diese Überfülle von Lösungsvorschlägen, die aus dem Fehlen eines "optimalen" allgemeinen Ansatzes für die Probleme der Praxis resultieren, führte auf einen einfachen Vorschlag der wiederholten Signifikanzprüfung (RST) von ARMITAGE et al. (1969). Dabei wurde zunächst die Nullhypothese H_o und die zugehörige Wahrscheinlichkeit α für einen Fehler 1. Art vorgegeben; zusätzlich wird eine maximale Stichprobenanzahl n_{max} festgelegt; es handelt sich im Prinzip also um einen abgeschlossenen Test. Auf jeder Stufe des sequentiellen Vorgehens wird ein klassischer Signifikanztest angewandt, so als ob Stichproben festen Umfangs vorlägen. Dabei sind die Signifikanzniveaus α^* für die Einzeltests entsprechend zu verringern ($\alpha^* < a$), damit insgesamt die Fehlerwahrscheinlichkeit α nicht überschritten wird. Später (McPHERSON & ARMITAGE, 1971) wurde unter Vorgabe bestimmter Alternativen auch die jeweilige Mächtigkeit der Tests berechnet, bei Normalverteilung mit bekannter Varianz über numerische Integrationsverfahren. SIEGMUND (1977) versuchte auch analytische Näherung für die Bestimmung der statistischen Eigenschaften dieser RST-Pläne abzuleiten, auch für den Fall normalverteilter Daten mit unbekannter Varianz. Da α^* pro Einzeltest für eine größere Anzahl Stufen des sequentiellen Verfahrens im allgemeinen beträchtlich kleiner ist als α, muß man sich für kleine Abweichungen von der Nullhypothese einen Verlust an Mächtigkeit gegenüber dem klassischen nichtsequentiellen Einstichprobenplan mit $n = n_{max}$ erwarten. SIEGMUND & GREGORY (1980) haben daher versucht, die Entscheidungsgrenzen im Punkt n_{max} enger zu wählen, auf Kosten weiter Grenzen für $n < n_{max}$.

Im Prinzip eignet sich das Prinzip des RST gut für die Anwendung von Gruppierungsplänen. POCOCK (1977) hat die Berechnung von McPHERSON & ARMITAGE (1971) für die Normalverteilung mit bekannter Varianz herangezogen. Tab. 2 zeigt die korrigierten individuellen Signifikanzniveaus α^* in Abhängigkeit von der Anzahl der Gruppen N und dem globalen Fehler 1. Art von α. In dieser Tabelle finden sich auch die nach BONFERRONI korrigierten "individuellen" Irrtumswahrscheinlichkeiten α_B. Zusätzlich sind auch die nach einem Satz von HUNTER (1976) verbesserten individuellen Signifikanzniveaus α_H angeführt, eine Methode, die meines Wissens zum ersten Mal von W. MAURER (1981) in anderem Zusammenhang auf ein Problem simultaner Hypothesenprüfung angewandt wurde. Dabei werden von der Summe der marginalen Überschreitungswahrscheinlichkeiten der einzelnen Prüfgrößen auch noch (n-1) Wahrscheinlichkeiten für den Durchschnitt von je zwei Ereignissen der Überschreitung der Entscheidungsgrenzen durch die Prüfgröße abgezogen, wobei die Menge der Paare im graphentheoretischen Sinn einen zusammenhängenden Subgraphen ohne Zyklen bildet.

$$\alpha = 0.05$$

N	Bonferroni	RST	RST (Näherung)
2	0.0250	0.0294	0.0294
3	0.0167	0.0221	0.0215
4	0.0125	0.0182	0.0175
5	0.0100	0.0158	0.0150
6	0.0083	0.0142	0.0130
7	0.0071	0.0130	0.0115
8	0.0063	0.0120	0.0105
10	0.0050	0.0106	0.0090

Tab.2: "Individuelle" Irrtumswahrscheinlichkeiten α für einen wiederholten Signifikanztest (RST) des Mittelwerts einer normalverteilten Grundgesamtheit mit bekannter Varianz und globalem Signifikanzniveau $\alpha = 0.05$ in Abhängigkeit von der Anzahl der Gruppen N. Neben den Werten aufgrund der Korrektur nach Bonferroni sind die numerisch berechneten exakten Werte (POCOCK, 1972) und Näherung nach einem Satz von HUNTER (1976) angeführt.

In Tabelle 2 ist die Lösung für den maximalen Baum, d.h. die Menge der
Paare mit der größten Summe der Wahrscheinlichkeiten für die (N - 1)
Durchschnitte der Ereignisse, eingetragen.

Generell muß gesagt werden, daß sich ab einer Gruppenanzahl von etwa 5
der Wert α^* nicht mehr sehr ändert, so daß man wegen der stärkeren Abhängigkeit der Prüfgrößen mit einer Gruppenzahl $n \leq 5$ arbeiten sollte
(POCOCK, 1977). Während die BONFERRONI-Korrektur noch recht deutliche
Unterschiede in der individuellen Irrtumswahrscheinlichkeit gegenüber
den "exakten" Werten aufweist, zeigt die HUNTER-Abschätzung eine recht
gute Übereinstimmung mit diesen Werten, wobei der rechnerische Aufwand
durch die Betrachtung von ausschließlich zweidimensionalen Dichten wesentlich einfacher ist.

O'BRIEN & FLEMING (1979) schlugen eine Modifizierung des Konzepts des
RST vor, indem man die "individuellen" Signifikanzniveaus auf den verschiedenen Stufen des gruppierten Sequentialtestplanes nicht gleich
groß wählt. Sie empfehlen, diese Signifikanzniveaus α^* mit steigender
Gruppenanzahl größer werden zu lassen. Für die maximale Gruppenanzahl
$N(\leq 5)$ wird dabei nahezu die kritische Grenze des klassischen nichtsequentiellen Vorgehens verwendet, während bei den niedrigeren Gruppen
die Grenzen weiter gewählt werden, so daß bei diesen Gruppen fast keine
Fehlentscheidungen erster Art auftreten. Treten jedoch deutliche Abweichungen von der Nullhypothese auf, so besteht trotzdem eine gute Chance,
diese schon frühzeitig zu erkennen. POCOCK (1982) hat unter Zugrundele-
gung einer bestimmten Alternative für den Fall normalverteilter Polulationen mit bekannter Varianz versucht, unter Vorgabe der Fehler 1. und
2. Art bei einer maximalen Gruppenanzahl $N = 5$ eine optimale Aufteilung
der α^* auf die verschiedenen Gruppen zu ermitteln, die einen minimalen
erwarteten Stichprobenumfang gewährleistet. Seine Ergebnisse zeigen, daß
für $\alpha = 0.05$ und $\beta \leq 0.1$ die Wahl eines konstanten α^* über alle Gruppen
nicht weit von der optimalen Lösung entfernt ist.

Interessant ist ein weiteres Ergebnis von POCOCK (1977), der in Simula-
tionen gezeigt hat, daß sich die Ergebnisse für die Normalverteilung in
guter Näherung auch für andere Verteilungen, wie die t- und Binomialverteilung, anwenden lassen.

Man kann auch gruppiertes mit streng sequentiellem Vorgehen kombinieren.
Bei solchen "hypriden" oder "gemischt-sequentiellen" Plänen wird zumeist

eine Anfangsstichprobe festen Umfangs gezogen, und dann weiter bis zu
einer Entscheidung streng sequentiell vorgegangen (BILLARD & VAGHOLKAR,
1969; SIEGMUND, 1977).

Schließlich kann man sequentielle Methoden auch auf der Basis Bayes'-
schen Argumentation ableiten. Man kann Abbruchregeln bestimmen, die ein
Minimum des Erwartungswertes einer geeignet zu definierenden Verlustfunktion gewährleisten, wobei allerdings die für die Praxis schwer zu-
gänglichen Risiken- und Kostenrelationen, sowie geeignete a-priori-Verteilungen festgelegt werden müssen. Darüberhinaus sind die Konstruk-
tionsmethoden der Abbruchregeln kompliziert (vergl. WETHERILL, 1975).
Es beruhigt, daß der SPR-Test für einfache Hypothesen nach WALD zumeist
ein Spezialfall dieser Bayesschen Sequentialtests ist. Die Methode von
CORNFIELD (1971), der den Quotienten aus a-posteriori-Chancenverhältnis
und a-priori-Chancenverhältnis als Entscheidungskriterium verwendet, ist
im Effekt, trotz völlig anderer Argumentation, äquivalent zu WALD's Methode der Gewichtsfunktionen bei zusammengesetzten Hypothesen. Zum Problem der nichtparametrischen sequentiellen Entscheidungsverfahren sei
auf das Buch von SEN (1981) verwiesen.

3. Sequentielle Schätzverfahren

Als erster hat STEIN (1945) ein Problem behandelt, das prinzipiell nur
sequentiell gelöst werden kann: die Schätzung eines Konfidenzintervalls
für den Erwartungswert einer normalverteilten Grundgesamtheit mit unbekannter Varianz, bei dem die Länge 2d und die Bedeckungswahrscheinlichkeit $1-2\alpha$ vorgegeben wird. Er schlug einen Zweistufenplan vor, bei dem
auf der ersten Stufe die Varianz der Population geschätzt wird, aus der
dann der für die zweite Stufe notwendige Stichprobenumfang berechnet
wird. Im Bereich der Binomialverteilung hat bereits HALDANE (1945) das
Prinzip der inversen Stichprobenentnahme eingeführt, bei der solange
Stichprobeneinheiten beobachtet werden, bis eine vorgegebene Anzahl r
von Erfolgen beobachtet ist. Im wesentlichen ist bei dieser Schätzme-
thode der Variationskoeffizient der erhaltenen Schätzungen konstant.
Ein wichtiges Ergebnis im Bereich der sequentiellen Schätzungen stammt
von ANSCOMBE (1952): Für große Stichprobenumfänge können näherungsweise
die Formeln für feste Stichprobenumfänge verwendet werden. Abb.4 zeigt
die Anwendung dieses Prinzips auf die Intervallschätzung für den Parameter π einer binomialverteilten Population.

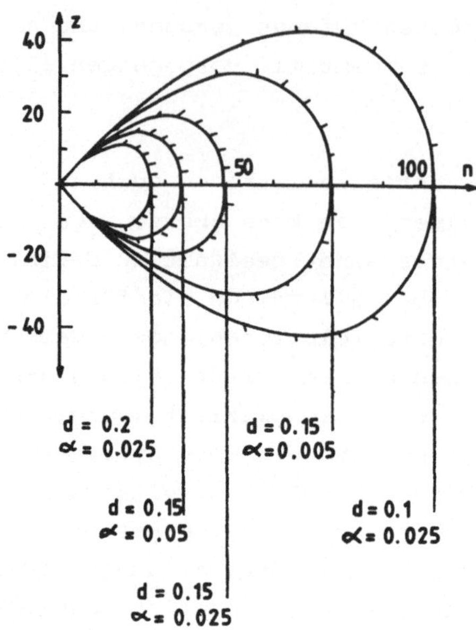

Abb.4: Abbruchkonturen zur Intervallschätzung für den Parameter π
einer binomialverteilten Grundgesamtheit mit vorgegebenen
Intervalllängen 2d und Bedeckungswahrscheinlichkeiten 1 - 2α.

Kreuzt eine Stichprobenspur die vorher ausgewählte Abbruchkontur in
Punkt $\tilde{\pi}$, der auf der Kontur markiert ist, so stellt [$\tilde{\pi}$ - d, $\tilde{\pi}$ + d] ein
Konfidenzintervall mit Bedeckungswahrscheinlichkeit 1 - 2α dar (BAUER
et al., 1975). $\tilde{\pi}$ ist dabei im allgemeinen keine erwartungstreue Schät-
zung von π. Methoden zur unverzerrten Schätzung von π bei allgemeinen
Abbruchkonturen für binomialverteilte Grundgesamtheiten gehen auf
GIRSHICK et al. (1946) zurück.

Eine Erweiterung besteht in der Kombination von Schätz- und Prüfverfah-
ren und den entsprechenden Abbruchkonturen (BAUER et al., in Vorbereitung), wie es in Abb.5 für die Binomialverteilung dargestellt ist.

Eine gute Übersicht über Ergebnisse aus dem Bereich der sequentiellen
Parameterschätzung findet sich in THEUERKAUF (1981), der auch selbst
einige "vernünftige" Abbruchregeln für die Binomial-, Normal-, Poisson-
und Rechteckverteilung untersucht hat.

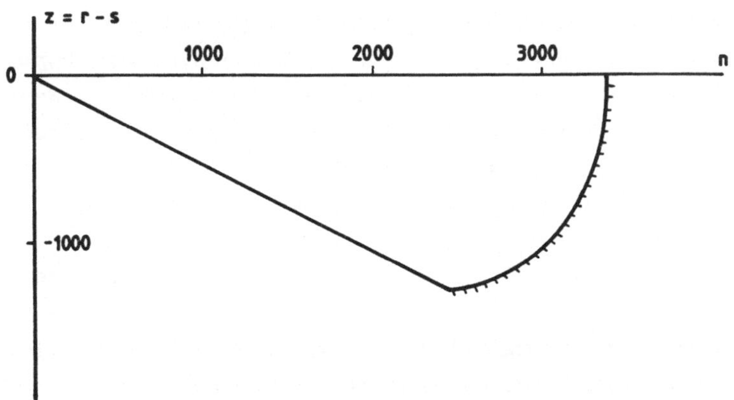

Abb.5: Kombination einer Abbruchregel zur Intervallschätzung für
den Parameter π einer binomialverteilten Grundgesamtheit
mit einer Entscheidungsgeraden des offenen SPR-Tests.

4. Weitere Probleme

Es stellt sich nun die Frage, ob es sinnvoll ist, etwa zwei Behandlungen im Rahmen eines Vergleichs bis zu einem Entscheid gleich oft weiterzugeben, wenn sich schon frühzeitig eine Präferenz einer der beiden Behandlungen zeigt. Schon ROBBINS (1952) hat diese Frage aufgeworfen und das sogenannte "Play the Winner" (PW) Zuordnungsverfahren bei dichotomer Beurteilung des Behandlungserfolges vorgeschlagen. Für die erste Stichprobe wird randomisiert, welche der beiden Behandlungen angewandt wird. Immer wenn ein Erfolg ("+"-Einheit) beobachtet wird, kommt die gleiche Behandlung beim nächsten Patienten zur Anwendung, bei Mißerfolg wird zur anderen Behandlung gewechselt. Man kann sich von einer solchen "adaptiven" Zuordnungsregel erwarten, daß das unterlegene Verfahren weniger oft zur Anwendung kommt. Zelen (1969) hat das Verfahren für den Fall modifiziert, daß es einige Zeit braucht, bis das Ergebnis vorliegt, indem er mehrere solche "PW-Ketten" von Patienten im Versuch vorsieht. Er gab darüberhinaus statistische Eigenschaften der PW-Regel für einige Versuchspläne an. Am besten untersucht sind die Eigenschaften der PW-Regel bei den sogenannten sequentiellen Selektions- und Rangierungsprozeduren (BECHHOFER et al., 1968).

Nehmen wir an, es lägen k unabhängige Binomialverteilungen mit Erfolgs-
wahrscheinlichkeiten $\pi_1, \pi_2, \ldots, \pi_k$ vor. Es soll nun z.B. die Population
mit der größten Erfolgsrate selektiert werden; diese sei π_j. Wenn nun
$(\pi_j - \pi_i) \geq \Delta^*$, für alle $i \neq j$, d.h. die größte Erfolgsrate unterscheidet
sich um mindestens $\Delta^*(>0)$ von allen anderen, so soll mit der hohen Wahrscheinlichkeit P* diese Erfolgsrate π_j vom Verfahren richtig ausgewählt
werden. GIRSHICK (1946) hat gezeigt, daß für zwei Behandlungen mit π_1, π_2
dieses Verfahren äquivalent ist zu einem speziellen SPR-Test von WALD.

Eine große Zahl von Abbruchregeln wurde insbesondere beim Vorliegen
zweier binomialverteilter Grundgesamtheiten untersucht (vergl. BÜRINGER
et.a., 1980): Z.B., setze die Stichprobenentnahme solange fort, solange
$\max(r_1, r_2) < r_0$, wobei r_i die beobachtete Anzahl der Erfolge in der Po-
pulation i bezeichnet; oder setze solange fort, solange $|r_1 - r_2| < r_d$.

Für die letzte Abbruchregel wurde gezeigt, daß für die PW-Regel die erwartete Anzahl von Patienten, die mit dem unterlegenen Verfahren behandelt werden, nicht für alle Werte von π_1 und π_2 kleiner ist als bei der
klassischen sequentiellen Vorgangsweise, bei der auf jeder Stufe des
Experiments je eine Stichprobe aus beiden Populationen gezogen wird. In
dem Bereich, etwa $(\pi_1 + \pi_2)/2 > 0.75$, in dem die PW-Regel in dieser Hin-
sicht überlegen ist, führt sie jedoch auch zu geringeren Gesamtstich-
probenanzahlen bis zu einem Entscheid.
ROBBINS (1952) hat bereits darauf hingewiesen, daß das PW-Verfahren folgende Eigenschaft nicht erfüllt

$$\frac{r_1 + r_2}{n} \xrightarrow[n \to \infty]{} \max(\pi_1, \pi_2),$$

d.h. im Long-run sollen die Patienten so behandelt werden, daß die glo-
bale beobachtete Erfolgsrate gegen das Maximum der beiden Erfolgsraten
strebt. Dieses Kriterium der "asymptotischen Optimalität" bringt eine
völlig neue Argumentation. Während das PW-Verfahren in Selektions- und
Entscheidungsprozeduren verwendet werden kann, geht es hier nur mehr um
die Frage der möglichst guten Behandlung einer großen Anzahl von Patienten, wenn die relative Wirksamkeit der Verfahren nicht bekannt ist.
Dies muß man sich vor Augen halten, wenn man ROBBINs deterministische
Zuordnungsregel betrachtet, die das Kriterium der asymptotischen Optimalität erfüllt.

Es seien

$$1 = a_1 < a_2 \quad \ldots \quad < a_n , \ldots$$
$$2 = b_1 < b_2 \quad \ldots \quad < b_n , \ldots$$

zwei unendliche, disjunkte Folgen positiver ganzer Zahlen. Man geht nun so vor: Ist eine Stichprobenanzahl einer der Zahlen aus den beiden Folgen gleich, so wird das entsprechende Verfahren angewandt. In den "Lükken" kommt jedes Verfahren zur Anwendung, das die laufend beobachtete höhere Erfolgsrate aufweist. Wenn nun $\frac{a_n}{n} \xrightarrow[n \to \infty]{} \infty$ und $\frac{b_n}{n} \xrightarrow[n \to \infty]{} \infty$ d.h. wenn die festen Zuordnungen zu bestimmten Behandlungen für wachsende n immer seltener werden, so erfüllt diese Regel die asymptotische Optimalität. Der Sinn der Regel ist, daß auch im Falle einer allfälligen Bevorzugung der schlechteren Behandlung für kleine n das scheinbar unterlegene Verfahren die Chance haben muß, sich durchzusetzen. BATHER (1980) hat eine randomisierte Zuordnungsregel vorgeschlagen, bei der zu den laufend beobachteten Erfolgsanteilen mit steigender Stichprobenanzahl abnehmende gewichtete positive Zufallsvariable mit bestimmten Eigenschaften addiert werden, und jeweils das Verfahren mit der größten "randomisierten" Erfolgsrate angewendet wird.

Die Zielsetzung der möglichst guten Behandlung einer endlichen Anzahl N von Patienten verfolgen die Methoden des begrenzten Patienten-Horizonts. Als einfachstes Beispiel sei dazu das zweistufige Verfahren von COLTON (1963) für zwei Behandlungen erwähnt. Dabei wird zunächst eine Stichprobe vom Umfang n gewählt, aufgrund derer entschieden wird, welche der beiden Behandlungen A oder B diese restlichen Patienten erhalten. Das Problem besteht in der optimalen Auswahl von n, wobei COLTON mehrere Varianten der Berechnung von n angibt. Wesentlich dabei ist, daß bei diesem Verfahren die "Kosten" einer falschen Entscheidung für die N-n restlichen Patienten mitberücksichtigt werden. Da selten der Fall vorliegt, daß die N für eine Behandlung in Frage kommenden Patienten an einer bestimmten Stelle und an einem bestimmten Zeitpunkt warten (dann müßten sie ja auch sofort behandelt werden), wird sich N auf die in einem Zeitraum, etwa bis zum Vorliegen einer verbesserten Therapieform, zu erwartenden Patientenzahl beziehen müssen, was in der Praxis schwer abschätzbar ist.

Um die Vielfalt der Methoden noch abzurunden, sei darauf hingewiesen, daß sich das statistische Problem der Gewinnoptimierung bei mehrarmigen Banditen aus der Spieltheorie auf die Zuordnung der Verfahren bei kli-

nischen Studien anwenden läßt (GITTINS, 1979; GLAZEBROOK, 1980). Die
Berechnung der optimalen Zuordnungsregel erfordert dabei jedoch kompli-
zierte rechnerische Methoden der dynamschen Programmierung, wobei zusätzlich die Präsentation dieser Methoden zum Teil schwer zugänglich
ist.

Sie gibt eine gute Gelegenheit, einen Abschluß zu suchen und zu fragen,
wieso trotz dieser Vielfalt von Methoden die sequentiellen Verfahren
nicht entsprechende Verbreitung in der klinischen Praxis gefunden haben.
Mehrere Gründe scheinen dafür verantwortlich zu sein:

1. Die Notwendigkeit der klaren Festlegung eines Merkmals oder Krite-
   riums, das für den Abbruch der Studie maßgeblich ist.

2. Die Erschwernisse organisatorischer Art, die durch die sequentielle
   Durchführung auftreten.

3. Die Methodenvielfalt, wobei Probleme bei der Lösung von Fragestellungen auftreten können, wo für feste Stichprobenumfänge "optimale"
   und übersichtliche Lösungen vorhanden sind.

4. Der Mangel an Verbreitung der Kenntnis sequentieller Verfahren.

Wenn eine vorsichtige Prognose gewagt werden soll, welche der Verfahren
sich am ehesten durchsetzen könnten, so sind die gruppensequentiellen
Verfahren zu nennen. Sie zeichnen sich dadurch aus, daß sie

1. einen Kompromiß zwischen der ethischen Forderung der Stichprobener-
   sparnis und der Forderung der Praktikabilität bilden, und

2. Interesse beim Anwender hervorrufen, der im allgemeinen ein stufen-
   weises Vorgehen im Rahmen der Erkenntnisfindung als "natürlich" emp-
   findet.

LITERATURHINWEISE

[1]   ANDERSON, T.W. (1960): A modification of the sequential probability ratio test to reduce the sample size, Ann.Math.Statist. 31, 165-197.

[2]   ANSCOMBE, F.J. (1953): Sequential estimation, with discussion, J.R.S.S.B. 15, 1-21.

[3]   ARMITAGE, P. (1975): Sequential Medical Trials, 2nd ed., Blackwell Scientic Publications.

[4]   ARMITAGE, P.; McPHERSON, C.K.; ROWE, B.C. (1969): Repeated significance tests on accumulating data, J.R.S.S.A. 132, 235-244.

[5]   BARNARD, G.A. (1952): The frequency justification of certain sequential tests, Biometrika 39, 144-150.

[6]   BARTLETT, M.S. (1946): The large sample theory of sequential tests, Proc. Camb. Phil. Soc. 42, 239-244.

[7]   BATHER, J. (1981): Randomized allocation of treatments in sequential experiments, with discussion, J.R.S.S.B. 43, 265-292.

[8]   BAUER, P.; SCHEIBER, V.; WOHLZOGEN, F.X. (1976): Sequential estimation of the parameter of a binomial distribution; in W.J. ZIEGLER (ed.), Contributions to Applied Statistics, 99-110, Birkhäuser, Basel und Stuttgart.

[9]   BAUER, P.; SCHEIBER, V.; WOHLZOGEN, F.X.: Sequentielle Methoden (in Vorbereitung).

[10]   BECHHOFER, R.E.; KIEFER, J.; SOBEL, M. (1968): Sequential Identification and Ranking Procedures, The University of Chicago Press, Chicago, London.

[11] ' BILLARD, L.; VACHOLKAR, M.K. (1969): A sequential procedure for testing a null hypothesis against an two-sided alternative hypothesis, J.R.S.S.B. 31, 285-294.

[12]   BÜHRINGER, H.; MARTIN, H.; SCHRIEVER, K.H. (1980): Nonparametric Sequential Selection Procedures, Birkhäuser Verlag, Basel und Stuttgart.

[13]   COLTON, T. (1963): A Model for selecting one of two medical treatments, JASA 58, 388-400.

[14]   CORNFIELD, J. (1966): A Bayesian test of some classical hypotheses - with applications to sequential clinical trials, JASA 61, 577-594.

[15]   COX, D.R. (1952): Sequential tests for composite hypotheses, Proc. Camb. Phil. Soc. 48, 290-299.

[16]   GIRSHICK, M.A. (1946): Contributions to sequential analysis I, Ann. Math. Statist. 17, 123-143.

[17]   GIRSHICK, M.A.; MOSTELLER, F.; SAVAGE, L.J. (1946): Unbiased
estimates for certain binomial sampling problems with applications, Ann. Math. Statist. 17, 13-23.

[18]   GITTINS, J.C. (1979): Bandit processes and dynamic allocation
indices, with discussion, J.R.S.S.B. 41, 148-177.

[19]   GLAZEBROOK, K.D. (1980): On randomized dynamic allocation indices for the sequential design of experiments, J.R.S.S.B. 42,
342-346.

[20]   HAJNAL, J. (1961): A two sample sequential t-test, Biometrika 48,
65-75.

[21]   HALDANE, J.B.S. (1945): On a method of estimating frequencies,
Biometrika 33, 222-225.

[22]   Havelec, L.; SCHEIBER, V.; WOHLZOGEN, F.X. (1974): Sequentielle
Mehrstufenpläne für die klinische Forschung, WiKliWo 86, 135-140.

[23]   HOEL, D.G.; WEISS, G.H.; SIMON, R. (1976): Sequential tests for
composite hypotheses with two binomial populations, J.R.S.S.B. 38,
302-308.

[24]   HUNTER, D.: An upper bound for the probability of an union, J.
Appl. Prob. 13, 597-603.

[25]   JOANES, D.N. (1972): Sequential tests for composite hypotheses,
Biometrika 59, 633-638.

[26]   MAURER, W. (1981): Multiple nichtparametrische Vergleiche: - multivariate Verfahren, in Simultane Hypothesenprüfung, Biometrisches Seminar, Bad Ischl.

[27]   McPHERSON, C.K.; ARMITAGE, P.; (1971): Repeated significance
tests on accumulating data when the null hypotheses is not true,
J.R.S.S.A. 134, 15-25.

[28]   MEEKER, W.Q. (1981): A conditional sequential test for the equality of two binomial proportions, Appl. Statist. 30, 109-115.

[29]   O'BRIEN, P.C.; FLEMING, T.R. (1979): A multiple testing proce-
dute for clinical trials, Biometrics 35, 549-556.

[30]   POCOCK, S.J. (1977): Group sequential methods in the design and
analysis of clinical trials, Biometrica 64, 191-199.

[31]   POCOCK, S.J. (1982): Interim analysis for randomized clinical
trials: The group sequential approach, Biometrics 38, 153-162.

[32]   ROBBINS, H. (1952): Some aspects of the sequential design of
experiments, Bull. Amer. Math. Soc. 58, 528-535.

[33]   SCHNEIDERMAN, M.A.; ARMITAGE, P. (1962): Closed sequential t-
tests, Biometrika 49, 359-366.

[34]   SCHMITZ, N.: Entwicklungen in der Sequentialanalyse.

[35]   SEN, P.K. (1981): Sequential Nonparametrics, J. Wiley, New York.

[36]   SIEGMUND, D. (1977): Repeated significance tests for a normal mean, Biometrika 64, 177-189.

[37]   SIEGMUND, D.; GREGORY, P. (1980): A sequential clinical trial for testing $p_1 = p_2$, Ann. Statist. 8, 1219-1228.

[38]   SUICH, R.; IGLEWICZ, B. (1970): A trunated sequential t-test, Technometrics 12, 789-798.

[39]   STEIN, C. (1945): A two sample test for a linear hypotheses whose power is independent of the variance, Ann. Math. Statist. 16, 243-258.

[40]   THEUERKAUF, I. (1981): Sequentielle Schätzverfahren, Vandenhoeck & Ruprecht, Göttingen.

[41]   WALD, A. (1947): Sequential Analysis, J. Wiley, New York.

[42]   WALD, A.; WOLFOWITZ, J. (1948): Optimum character of the sequential probability ratio test, Ann. Math. Statist. 19, 326-339.

[43]   WETHERILL, C.B. (1975): Sequential methods in statistics, 2nd ed., Chapman and Hall, London.

[44]   WHITEHEAD, J. (1978): Large sample methods with applications to the analysis of 2 x 2 contingency tables, Biometrika 65, 351-356.

[45]   WOHLZOGEN, F.X.; SCHEIBER, V. (1970): Sequentialtest mit gruppierten Stichproben, in Juvancz, I., (Hrsg.): Vorträge der II. Ungarischen Biometrischen Konferenz, Akadémiai Kiadó, Budapest.

[46]   ZELEN, M. (1960): Play the winner rule and the controlled clinical trial, JASA 64, 131-146.

<u>ENTWICKLUNGEN IN DER SEQUENTIALANALYSE</u>

N. Schmitz
Institut für Mathematische Statistik
Westfälische Wilhelms-Universität Münster
D-4400 Münster, Einsteinstraße 62

1. <u>Einleitung</u>

Seit ihrem Entstehen in der ersten Hälfte der 40er Jahre hat die Sequentialanalyse eine wechselvolle Entwicklung erlebt. Ein Versuch, über Perspektiven dieses Gebietes zu referieren, sollte daher mit einem kurzen "historischen" Rückblick beginnen:

In der statistischen Qualitätskontrolle ist bereits seit langem ein Effekt geläufig, der *das* Standardbeispiel zur Motivation der Sequentialanalyse liefert:

1.1 <u>Beispiel</u>

Bei einer Gut-Schlecht-Kontrolle sei als Prüfplan festgelegt, daß eine Sendung genau dann akzeptiert wird, wenn sich in einer Stichprobe vom Umfang 20 nicht mehr als 2 schlechte Stücke befinden.
Tritt nun die Stichprobe (G $\sim$ gut, S $\sim$ schlecht)

$$G\ G\ S\ G\ S.\ G\ G\ G\ \underline{S}\ G.\ G\ G\ G\ G\ S.\ G\ G\ G\ G\ G$$

auf, so steht bereits nach dem 9. Beobachtungswert fest, daß die Entscheidung in jedem Fall "Ablehnung" lauten wird. Man kann sich also – ohne die statistischen Eigenschaften des Prüfplans zu verändern – die Zeit und das Geld für die restlichen 11 Beobachtungen sparen. Der in dieser Weise verkürzte Prüfplan heißt "curtailed inspection".   □

Der entscheidende Unterschied gegenüber dem ursprünglichen Prüfplan besteht darin, daß der Stichprobenumfang nicht mehr a priori festliegt, sondern sich erst aufgrund der zufallsabhängigen Beobachtungsdaten ergibt. Je nach den speziellen Stichprobenergebnissen hat man dabei eine mehr oder weniger große Einsparung an Beobachtungen, ohne das geringste

zu verlieren. Der Stichprobenumfang des "curtailed inspection"-Plans
ist also eine Zufallsgröße N mit den Eigenschaften

$$N \leq 20; \quad E(N) < 20$$

(bei beliebiger "nicht-degenerierter" Verteilung der Einzelstichproben-
werte); die sonstige "Qualität" dieses Plans ist dieselbe wie diejenige
des ursprünglichen Prüfplans - einige Eigenschaften sind in Abschnitt
1.3 der Monographie von WETHERILL [3] angegeben.

Auch bei den "double sampling"-Verfahren von DODGE/ROMIG (1929) und den
mehrstufigen Stichprobenverfahren von BARTKY (1943) lagen die Stichprobenumfänge der einzelnen Stufen nicht vorher fest, sondern wurden erst
aufgrund der Beobachtungs-Daten bestimmt.

Eine systematische Untersuchung *sequentieller* Verfahren, d.h. Verfahren,
bei denen der Versuchsablauf und der Stichprobenumfang erst aufgrund der
im Verlauf der Untersuchung eintreffenden Informationen festgelegt werden, begann jedoch erst im 2. Weltkrieg. Eine "Statistical Research
Group" der Columbia University, zu der insbesondere A. WALD gehörte,
erzielte 1943/44 etliche interessante Ergebnisse; aus (militärischen)
Geheimhaltungsgründen durften diese jedoch zunächst nicht publiziert
werden. Als dann 1945 die Geheimhaltungspflicht aufgehoben wurde, waren
bereits so viele Resultate erzielt worden, daß A. WALD im Anschluß an
eine umfangreiche Übersichtsarbeit [39] bald die Monographie "Sequential
Analysis" (J. Wiley 1947) vorlegen konnte - die Sequentialanalyse ist
eine der ganz wenigen mathematischen Theorien, die "sofort" mit einem
Lehrbuch begannen. Diese Tatsache erwies sich später insofern als be-
deutsam, als bereits sehr früh etliche Weichen gestellt worden waren.

2. <u>Gründe für die Verwendung sequentieller Verfahren</u>

Bevor wir näher auf einzelne sequentielle Verfahren eingehen, seien
einige Gründe angeführt, die *für* eine Verwendung sequentieller statistischer Verfahren sprechen:

Ein erstes derartiges Argument liegt aufgrund des eingeführten Bei-
spiels bereits auf der Hand:

2.1 Einsparung von Beobachtungen/Beobachtungskosten

Der "curtailed inspection"-Plan benötigt für *kein* Stichprobenergebnis einen größeren Stichprobenumfang als der Ausgangsplan. Wenn man aber schon zufallsabhängige Stichprobenumfänge zuläßt, so liegt die Frage nahe, ob man nicht für einzelne Beobachtungsverläufe auch einen höheren Stichprobenumfang in Kauf nehmen sollte, wenn man dadurch *"im Mittel"* gewinnt. Diese Überlegung hat dazu geführt, daß in der Sequentialanalyse sehr häufig der "Beobachtungsaufwand" durch den Erwartungswert

$$(i) \qquad E_P(N), \qquad P \text{ "wahre" Verteilung}$$

gemessen wird. Bei entscheidungstheoretischen Betrachtungen, wo man die Verluste aufgrund von Fehlentscheidungen und die Stichprobenkosten zu berücksichtigen hat, mißt man die Beobachtungskosten im allgemeinen durch

$$(ii) \qquad c\, E_P(N),$$

d.h. man macht die (implizite) Annahme, daß die Kosten pro Beobachtung konstant (=c) sind. So naheliegend - scheinbar zwingend - diese Beurteilungsmaßstäbe zunächst sind, so problematisch können sie werden - wir kommen darauf zurück.

2.2 Ethische Gründe (insbesondere im medizinischen Bereich)

Der zweite (wohlbekannte) Grund für die Verwendung sequentieller Verfahren - nämlich ethische Gesichtspunkte - läßt sich wieder am einfachsten an einem kleinen Beispiel erläutern:

2.3 Beispiel

Zwei "konkurrierende" Arzneimittel A und B sollen in einem klinischen Test, d.h. am Patientengut, miteinander vergleichen werden. Gibt es im Verlaufe der Versuchsreihe klare Hinweise darauf, daß A deutlich besser ist als B, so ist es aus ethischen Gründen kaum zu verantworten, noch weitere Patienten mit dem schlechteren Medikament B zu behandeln bzw. die Behandlung mit B fortzusetzen, nur um den ursprünglichen Versuchsplan einzuhalten.

Entsprechend ist die Situation, wenn ein neu entwickeltes Medikament auf den Markt kommt: Ist es - trotz guter Referenzen bzw. Voruntersuchungen - zu verantworten, das neue Arzneimittel den Patienten so lange vorzuenthalten, bis eine *feste* Anzahl von Vergleichsexperimenten angestellt ist?

Die beiden Gründe 2.1, 2.2 beziehen sich auf statistische Problemstellungen, bei denen sequentielle Verfahren und solche mit festem Stichprobenumfang in Konkurrenz stehen. Daneben gibt es aber auch Probleme, bei denen *nur* sequentielle Verfahren den gestellten Anforderungen genügen:

2.4 Statistische Anforderungen, die mit nicht-sequentiellen Verfahren prinzipiell unerreichbar sind

Auch hier sei zur Erläuterung wieder ein - überraschend einfaches - Beispiel herangezogen:

2.5 Beispiel

In vielen statistischen Problemen (z.B. Simulationsstudien, experimentellen Vergleichen, ökonometrischen Analysen) geht man - unter Berufung auf den zentralen Grenzwertsatz - davon aus, daß die Beobachtungsdaten

$$x = (x_1, \ldots, x_n)$$

Realisierungen von stochastisch unabhängigen $N(\mu, \sigma^2)$-(normal-)verteilten Zufallsgrößen sind; für den unbekannten Erwartungswert μ wird ein Konfidenzintervall gesucht. Eine vernünftige Genauigkeitsforderung besteht dabei darin, zum einen ein vorgegebenes Sicherheitsniveau α einzuhalten (d.h. ein Konfidenzintervall zum Niveau α anzugeben) und zum anderen eine insofern "präzise" Aussage zu machen, als das Konfidenzintervall (höchstens) die Länge 2d (mit vorgegebenem d) hat.

Während man diese Forderung bei bekannter Varianz σ^2 sehr einfach - nämlich durch

$$C_n(x) = \left[\bar{x}_n - d;\ \bar{x}_n + d\right], \text{ wobei } \bar{x}_n := \sum_{i=1}^{n} x_i/n,\ n = \left[\frac{\sigma^2}{d^2} u^2_{(1+\alpha)/2}\right] + 1 \quad -$$

erfüllen kann, gibt es in dem - in aller Regel vorliegenden - Fall unbekannten σ^2 *kein* Konfidenzintervall *mit festem Stichprobenumfang*, das
dieser Forderung genügt (Satz von DANTZIG AMS 1940). Durch sequentielle
Konfidenzintervalle - z.B. durch das STEIN'sche zweistufige Verfahren -
kann man die o.g. naheliegenden Forderungen jedoch erfüllen (s. 3.3).

Ähnliche Stituationen liegen bei stochastischen Suchproblemen und stochastischen Approximationen vor.

Diese kurze Auflistung sei mit einer allgemeinen Bemerkung abgeschlossen: Nach unserem Eindruck haben viele in der Praxis durchgeführte statistische Untersuchungen zumindest implizit eine sequentielle Komponen-
te - "nur" in der akademischen Lehre gehen wir davon aus, daß vor Beginn
eines Experiments "nichts" bekannt ist, und daß nach Abschluß des Experiments die "Welt zu Ende" ist. In der Realität liegen aber i.a. gewisse Vorinformationen vor (welche gewisse Parameterbereiche besonders
wichtig erscheinen lassen), und die Ergebnisse eines Experiments geben
Anlaß zu weiteren Untersuchungen.

3. Erste Resultate

Eines der wichtigsten Ergebnisse, die A. WALD in seiner Monographie
bereits darstellen konnte, war die Theorie des *Sequential Probability
Ratio Tests* (SPRT; Likelihoodquotienten-Sequenztests) zum Testen einfacher Hypothesen

$$H_i: P^X = P_i, \quad i = 1,2; \quad P_1 \neq P_2,$$

über die Verteilung der Beobachtungswerte $X = (X_1, X_2, \ldots)$. In moderner
Schreibweise kann man diesen folgendermaßen darstellen: Mit den RADON-
NIKODYM Ableitungen f_i der Verteilungen bildet man bei Vorliegen der
Beobachtungsdaten

$$x_1, \ldots, x_n$$

den Likelyhoodquotienten

$$q(x_1, \ldots, x_n) = \frac{f_2(x, \ldots, x_n)}{f_1(x, \ldots, x_n)}$$

(vgl. auch [30]) und entscheidet - ähnlich wie beim klassischen NEYMAN-
PEARSON-Lemma -

$$3.1 \qquad \hat{\delta}(x_1,\ldots,x_n) \cong \begin{cases} d_1 & \leq k_1 \\ d_2 & \text{falls} \quad q(x_1,\ldots,x_n) \geq k_2 \\ d_* & \in (k_1; k_2) \end{cases}$$

wobei d_i die Entscheidung zugunsten von H_i, d_* die Fortsetzungsentscheidung und k_i geeignete Konstante mit $0 < k_1 < 1 < k_2 < \infty$ bedeuten.

Von den Eigenschaften, die den SPRT bei *unabhängigen Versuchswiederholungen (iid-Fall)* so interessant machen, seien genannt:

3.2 Eigenschaften des SPRT bei einfachen Hypothesen im iid-Fall

(i) Jeder SPRT $\hat{\delta}$ ist abgeschlossen, d.h.

$$P_i(N_{\hat{\delta}} = \infty) = 0 \quad \text{für} \quad i=1,2.$$

[WALD 1945]

(ii) Für jeden SPRT $\hat{\delta}$ existieren unter beiden Hypothesen Momente des Stichprobenumfangs $N_{\hat{\delta}}$ von beliebig hoher Ordnung - insbesondere also die Erwartungswerte

$$E_i(N_{\hat{\delta}}),$$

die (nach 2.1 (i)) für den Gütevergleich verschiedener Tests besonders interessieren.
[Ch. STEIN 1946].

(iii) Zu gegebenen (evtl. reduzierten) Schäden s_i, Beobachtungskosten c und einer a priori Verteilung $(\pi, 1-\pi)$ auf (H_1, H_2) gibt es entweder einen SPRT oder einen trivialen Test (ohne Beobachtungen), der das BAYES-Risiko

$$\pi[s_1 \alpha_1(\delta) + cE_1(N)] + (1-\pi)[s_2 \alpha_2(\delta) + cE_2(N)]$$

$(\alpha_i(\delta) = P_i(\delta \cong d_{3-i})$, $i = 1,2$, Irrtumswahrscheinlichkeiten des Tests δ) minimiert (BAYES-Test).
[WALD/WOLFOWITZ 1948].

(iv) Für jeden SPRT $\hat{\delta}$ mit den Irrtumswahrscheinlichkeiten $\alpha_i(\hat{\delta})$ gilt

$$E_i(N_{\hat{\delta}}) \leq E_i(N_\delta), \quad i=1 \text{ und } 2$$

für alle Tests δ mit $\alpha_i(\delta) \leq \alpha_i(\hat{\delta})$, $i = 1,2$.
[WALD/WOLFOWITZ 1948]

(v) Für jeden SPRT $\hat{\delta}$ mit den Stopgrenzen k_1, k_2 gilt

$$\frac{\alpha_1(\hat{\delta})}{1-\alpha_2(\hat{\delta})} \leq k_1 \; ; \quad \frac{\alpha_2(\hat{\delta})}{1-\alpha_1(\hat{\delta})} \leq {}^1/k_2 \; .$$

(vi) Definiert man zu gegebenen $\alpha_1, \alpha_2 > 0$ einen SPRT $\hat{\delta}$ durch die Stopgrenzen

$$k_1 := \alpha_1/(1-\alpha_2), \; k_2 := (1-\alpha_1)/\alpha_2,$$

so gilt nach den Abschätzungen nach (v)

$$\alpha_1(\delta) + \alpha_2(\hat{\delta}) \leq \alpha_1 + \alpha_2.$$

Während die Eigenschaften (i) und (ii) besagen, daß die SPRT's überhaupt sinnvoll mit anderen Tests verglichen werden können, beinhalten (iii) und (iv) (gleichmäßige) Optimalitätseigenschaften; die Ungleichungen (v) und (vi) geben schließlich einfache Zusammenhänge zwischen den Stopkonstanten k_i und den Irrtumswahrscheinlichkeiten $\alpha_i(\hat{\delta})$, die für eine effektive Auswahl eines geeigneten SPRT von Bedeutung sind.

Diese Ergebnisse führten Ende der 40er Jahre zu einer sehr positiven Beurteilung der Sequentialanalyse - man meinte fast, den "Stein der Weisen" in der Statistik gefunden zu haben, zumal auch noch weitere bedeutende Resultate hinzukamen, wie z.B. das STEIN'sche Zweistufen-Verfahren, das *eine* Lösung für das Problem 2.5 liefert:

3.3 Satz [von STEIN 1946]

Für stochastisch unabhängige $N(\mu, \sigma^2)$-verteilte Zufallsgrößen $X_1, X_2, \ldots$ ergibt

$$[\overline{X}_N - d; \; \overline{X}_N + d] \; mit \quad N := max(n_o, [\frac{S_{n_o}^2(X)}{d^2} t^2_{(n_o-1);(1-\alpha)/2}] + 1),$$

$$(n_o \in I\!N \; beliebig \; vorgegeben, \; S_{n_o}^2(x) := \sum_{i=0}^{n_o} (x_i - \overline{x}_{n_o})^2/(n_o-1),$$

$t_{n,\gamma}$-*Fraktil der zentralen t_n-Verteilung) ein Konfidenzintervall fester Länge $2d$ zum Niveau α.*

Gleichzeitig führten die Eigenschaften 3.2(i)-(vi) (sowie etliche weitere Ergebnisse) und die beherrschende Rolle, die der SPRT in der WALD'schen Monographie spielt, lange zu einer weitgehenden Fixierung auf diesen speziellen Test - noch heute ist der Aufbau fast *aller* Lehrbücher zur Sequentialanalyse durch diesen Test geprägt.

4. Einwände gegen den Einsatz sequentieller Verfahren

Auf die hochgesteckten Erwartungen folgte eine gewisse Ernüchterung, als einerseits die Fortschritte nicht mehr in dem erhofften Maße weitergingen und sich andererseits auch Nachteile der sequentiellen Verfahren zeigten:

4.1 Die Annahme konstanter Beobachtungskosten (vgl. 2.1(ii)/3.2(iii)) ist i.a. nicht gerechtfertigt

Da eine Stichprobenentnahme/Versuchsdurchführung i.a. gewisse Vorbereitungen und Hilfsmittel erfordert, wird es in den meisten Fällen billiger sein, ein Experiment mit m Beobachtungen anzustellen als sukzessive m einzelne Stichprobenerhebungen durchzuführen - der SPRT z.B. verlangt aber, daß jeweils genau eine weitere Beobachtung angestellt wird. Vermutlich hat bereits WALD dieses Problem erkannt (vgl. [1], S.101) und deswegen die Stichprobenentnahme in Gruppen vorgeschlagen - hierfür ist jedoch bisher u.W. keine überzeugende Theorie optimaler Verfahren bekannt.

4.2 Der Erwartungswert des Stichprobenumfangs ist i.a. selbst dann als Beurteilungsmaßstab (s. 2.1(i)/3.2(iv)) ungeeignet, wenn nicht mit Schäden/Kosten argumentiert wird

Da sich der zufallsabhängige Stichprobenumfang sequentieller Verfahren nicht (genau) vorhersehen läßt - bei SPRT beispielsweise streut die benötigte Beobachtungszahl erheblich - kann man keine festen Arbeitszeiten für statistische Untersuchungen einhalten und keine Termine für den Abschluß von Experimenten garantieren. Da von dem Experimentator nach jeder Beobachtung erneut entschieden werden muß, ob die erhaltenen Informationen bereits genügen, handelt es sich nicht mehr um eine reine Routinearbeit - man benötigt besser geschultes Personal. Überdies ist bei dem Personal die Versuchung größer, die Daten zu manipulieren (dadurch kann z.B. die eigene Arbeitszeit "geregelt" werden). Alle diese Aspekte werden durch den Erwartungswert $E_p(N)$ *nicht* erfaßt.

4.3 Die Situation bei zusammengesetzten Hypothesen ist (z.B. beim SPRT) relativ unbefriedigend

Für die Definition des SPRT geht man von einfachen Hypothesen aus - natürlich in der Hoffnung, daß dies (ebenso wie beim NEYMAN-PEARSON-Lemma) nur ein erster Schritt zur erfolgreichen Behandlung von allgemeineren Situationen ist. Tatsächlich kann man z.B. auch für zusammengesetzte Hypothesen

$$H_i: P^X \in P_i, \quad i = 1,2,$$

SPRT's definieren, indem man zwei Verteilungen $P_i \in P_i$ zur Bildung des Likelihoodquotienten auszeichnet. Bei unabhängigen Wiederholungen bleiben dann unter der einfachen Voraussetzung $P(f_1 \neq f_2) > 0 \ \forall P \in P_1 + P_2$ zwar die Eigenschaften der Abgeschlossenheit (vgl. 3.2(i)) und der exponentiellen Beschränktheit (vgl. 3.2(ii)) erhalten, von einer (gleichmäßigen) Optimalität kann jedoch nicht mehr die Rede sein: Typischerweise gibt es vielmehr "zwischen" P_1 und P_2 eine Verteilung, für die der Stichprobenumfang des SPRT sogar *größer* ist als der anderer vergleichbar exakter (u.U. sogar nicht-sequentieller) Tests - d.h. man "handelt" sich einen hohen Stichprobenumfang ausgerechnet dort ein, wo eine Fehlentscheidung i.a. keine gravierenden Konsequenzen hat.

A. WALD hatte das Problem zusammengesetzter Hypothesen dadurch zu behandeln versucht, daß er diese Hypothesen durch Integration mit a-priori-Verteilungen (weight-functions) auf einfache Hypothesen - und somit auf den SPRT - zurückführte; überzeugende Prinzipien für die Wahl der Gewichts-Funktion gibt es u.W. aber bisher nicht.

Diese Einwände/Nachteile scheinen dazu geführt zu haben, daß sequentielle Verfahren in der statistischen "Praxis" relativ selten *explizit* zum Einsatz gebracht werden - implizite (und daher z.T. suspekte) Anwendungen scheinen noch zu überwiegen.

Andererseits sind in den letzten 30 Jahren etliche Ergebnisse erarbei-
tet worden, die zwar nicht so spektakulär sind wie beim SPRT, aber zeigen, daß die Sequentialanalyse interessante Möglichkeiten eröffnet.

5. Einige allgemeine Resultate

Um über einige neuere Resultate und Entwicklungen berichten zu können,
muß zunächst auch formal präzisiert werden, was sequentielle Verfahren
sind.

5.1 Definition   (nach IRLE [11])

*Eine sequentielle statistische Entscheidungssituation S ist gegeben
durch ein Tupel*

$$((\Omega, A), T, (A_t)_{t \in T}, \Theta, (P_\theta)_{\theta \in \Theta}, (D, \mathcal{D}), L, c) ,$$

bestehend aus folgenden Größen:

(i) (Ω, A) *ist ein meßbarer Raum, der sogenannte* Stichprobenraum.

(ii) $T \subset [0; \infty)$ *bezeichnet die Menge der möglichen Stopzeitpunkte.*

(iii) $(A_t)_{t \in T}$ *ist eine monoton nicht-fallende Familie von Unter-σ-Al-
gebren von A, wobei A_t die im Zeitpunkt t verfügbare Information
repräsentiert.*

(iv) Θ *bezeichnet die möglichen Parameterwerte (*Parameterraum*).*

(v) $(P_\theta)_{\theta \in \Theta}$ *ist die Familie der möglichen Verteilungen.*

(vi) $(D, \mathcal{D})$ *ist ein meßbarer Raum, der Raum der* Terminalentscheidungen.

(vii) $L: \Theta \times D \longrightarrow [0; \infty)$ *heißt* Verlustfunktion;
$L(\theta, d)$ *gibt den Verlust an, den man erleidet, wenn bei Vorliegen
von $\theta \in \Theta$ die Entscheidung d getroffen wird.*

(viii) $c: T \longrightarrow [0; \infty)$, *monoton wachsend, heißt* Kostenfunktion;
$c(t)$ *bezeichnet die Kosten der Beobachtung bis zum Zeitpunkt t.*

5.2 Anmerkungen

__zu (i):__   In vielen Fällen erhält man die Daten durch die Untersuchung
einer Familie von Zufallsgrößen $X_t: (\tilde{\Omega}, \tilde{A}) \longrightarrow (\mathbb{R}, \mathcal{B})$. Da dann

die spezielle Gestalt von $(\tilde{\Omega},\tilde{A})$ für das Entscheidungsproblem keine Bedeutung hat, sondern nur die Verteilungen der
Zufallsgrößen eine Rolle spielen, empfiehlt es sich zumeist,
$(\Omega,A) = (\mathbb{R}^T,\mathcal{B}^T)$ und X_t als t-te Projektion zu wählen (gewisse Modifikationen sind nützlich, wenn T nicht abzählbar
ist).

zu (ii):   Die wichtigsten Spezialfälle für T sind:

$T = \{1,\ldots,n\}$: "diskrete Beobachtung mit Horizont n"

$T = \mathbb{N}$: "diskrete Beobachtung (mit unendl. Horizont)"

$T = [0;\infty)$ "kontinuierliche Beobachtung".

zu (iii):   Die Forderung der Isotonie von $(A_t)_{t\in T}$ (d.h. $A_s \subset A_t$ für s<t)
bedeutet, daß man zu einem "späteren" Zeitpunkt t gegenüber
einem früheren Zeitpunkt s höchstens noch weitere Informationen hinzubekommen hat. Häufig ergibt sich A_t dabei als

$$A_t = \sigma(X_s: s\in T, s\leq t),$$

wobei $(X_t)_{t\in T}$ eine Familie von Zufallsgrößen auf dem Stichprobenraum ist.

(iv)-(viii): entspricht dem bekannten nicht-sequentiellen Modell bzw.
erklärt sich von selbst.

In der Situation von 3.2(iii) hat man beispielsweise

(Ω,A) unspezifiziert bzw. Bildraum unter X (vgl. 5.2(i)),

$T = \mathbb{N}$,

$A_n = \sigma(X_1,\ldots,X_n)$, $n\in\mathbb{N}$,

$\Theta = \{1,2\}$, $P_1 = P_{(1)}^{\mathbb{N}}$; $P_2 = P_{(2)}^{\mathbb{N}}$ (Produktmaße)

$D = \{d_1,d_2\}$, $\mathcal{D} = P(D)$;

$$L(1,d) = \begin{cases} s_1 & \text{für } d\neq d_1 \\ 0 & d=d_1 \end{cases} ; \quad L(2,d) = \begin{cases} s_2 & \text{für } d\neq d_2 \\ 0 & d=d_2 \end{cases}$$

$c(n) = nc$ $\forall n\in\mathbb{N}$.

5.3 Definition

*S sei eine spezielle statistische Entscheidungssituation. Ein sequen-
tielles Entscheidungsverfahren δ (in S) ist ein Paar (τ,φ), wobei*

105

(i) τ *eine* Stopzeit *(bzgl.* $(A_t)_{t\in T}$ *ist, d.h. eine Abbildung*

$\tau:\ \Omega \longrightarrow T \cup \{\infty\}$ *mit* $\{\tau \leq t\}\in A_t\ \forall\ t\in T$ *und* $P_\theta(\{\tau<\infty\}) = 1\ \forall\ \theta \in \Theta$.

(ii) $\varphi = (\varphi_t)_{t\in T}$ *eine* Terminalentscheidungsfunktion *ist, d.h. eine Familie von randomisierten Entscheidungsfunktionen* φ_t *(bzgl.* A_t*) – also eine Familie stochastischer Kerne*

$$\varphi_t:\ D\times\Omega \longrightarrow [0;1]$$

zwischen (Ω, A_t) *und* $(D,\mathcal{D})$:

$$\varphi_t(\cdot,\omega):\ \mathcal{D} \longrightarrow [0;1]\ \textit{ist W-Maß auf}\ (D,\mathcal{D})$$

$$\varphi_t(B,\cdot):\ \Omega \longrightarrow [0;1]\ \textit{ist}\ A_t\textit{-meßbar (für jedes}\ B\in\mathcal{D}).$$

Bei Vorliegen des "Pfades" $\omega\in\Omega$ liefert ein sequentielles Entscheidungs-verfahren das folgende Vorgehen:

"Stoppe zum Zeitpunkt $\tau(\omega)$ und benutze die (randomisierte) Terminalentscheidung

$$\varphi_{\tau(\omega)}(\cdot,\omega)."$$

Dabei erleidet man den zu erwartenden Verlust

$$\int L(\theta,y)\,\varphi_{\tau(\omega)}(dy,\omega)$$

und es fallen die Beobachtungskosten $c(\tau(\omega))$ an.

Der SPRT (bei diskreter Beobachtung) z.B. paßt sich mit

$$\tau(\omega) := \inf\{n\in\mathbb{N}:\ q(X_1(\omega),\dots,X_n(\omega)) \notin (k_1;k_2)\}$$

$$\varphi_n(\{d_1\},\omega) = \begin{cases} 1\ \text{(d.h. Entsch. für } H_1) \\[2mm] 0\ \text{(d.h. Entsch. für } H_2) \end{cases} \quad \text{falls } q(X_1(\omega),\dots X_n(\omega)) \begin{array}{c} \leq \\[2mm] > \end{array} 1$$

$$\text{(und somit } \varphi_n(\{d_2\},\omega) = \begin{cases} 0 \\[2mm] 1 \end{cases} \quad \text{falls } q(X_1(\omega),\dots,X_n(\omega)) \begin{array}{c} \leq \\[2mm] > \end{array} 1)$$

in dieses Konzept ein, falls die Abgeschlossenheit gewährleistet ist.

Die in 5.3 vorgenommene "Aufspaltung" eines sequentiellen Verfahrens in die beiden "Anteile" der (zufallsabhängigen!) Festlegung, wann man mit den Beobachtungen aufhören soll und die Wahl einer Terminalentschei-dung, falls man die Stichprobenentnahme beendet, hat den folgenden Vor-teil: In etlichen Fällen – beispielsweise bei der Suche nach Bayes-Verfahren auch bei abhängigen Beobachtungen - kann man "optimale" Terminalentscheidungen unabhängig von der Stopzeit berechnen und muß dann ein Problem des *optimalen Stoppens* lösen. Dafür ist aber in dem letzten Jahrzehnt eine weitreichende Theorie entwickelt worden; es sei auf die Lehrbücher von CHOW/ROBBINS/SIEGMUND [14] und von SHIRYAYEV [16] sowie auf den Übersichtsartikel [26] verwiesen.

In der "klassischen" Statistik - die den "Anteil" der Terminalentscheidungsfunktion behandelt - ist wohlbekannt, daß man bei einer Reduktion durch Suffizienz in dem Sinne alle "Informationen" über den unbekannten Verteilungsparameter behält, als es

(i)   zu jedem Test einen nur über die suffiziente Statistik von den Beobachtungsdaten abhängenden Test gibt, der dieselbe Gütefunktion besitzt

(ii)   zu jedem erwartungstreuen Schätzer einen nur von der suffizienten Statistik abhängenden erwartungstreuen Schätzer gibt, dessen Varianz gleichmäßig nicht-größer ist (allgemein: dessen Risiko bei konvexer Schadensfunktion gleichmäßig nicht-größer ist)

(vgl. z.B. Kap. 3 von H. WITTING: Mathematische Statistik, Teubner 1974^2).

BAHADUR zeigte bereits 1954, daß im sequentiellen Fall die Suffizienz (einer Folge von Statistiken) allein für eine entsprechende Aussage nicht ausreicht, daß man vielmehr noch ein weiteres Konzept benötigt, das auch die Stopregel berücksichtigt. Als adäquat erwies sich der Begriff der *Transitivität*.

5.4 <u>Definition</u>[1]

Eine Folge $(G_n)_{n \in \mathbb{N}}$ von Unter-σ-Algebren G_n von A_n heißt transitiv *(bzgl. $(A_n)_{n \in \mathbb{N}}$, $(P_\theta)_{\theta \in \Theta}$), wenn für alle $n \in T$, $G_{n+1} \in G_{n+1}$ und $\theta \in \Theta$ gilt*

$$P_\theta(G_{n+1} \mid G_n) = P_\theta(G_{n+1} \mid A_n).$$

Es zeigt sich, daß man dann die folgende Reduktionsmöglichkeit besitzt:

---

1) Von der Beschränkung auf diskrete Beobachtungen kann man sich (mit etwas technischem Aufwand) befreien.

5.5 <u>Satz</u> (BAHADUR)

$G = (G_n)_{n \in I\!N}$ *sei suffizient und transitiv (für* $(A_n)_{n \in I\!N}$ *und* $(P_\theta)_{\theta \in \Theta}$*).*
Dann gibt es zu jedem sequentiellen Entscheidungsverfahren (τ, φ) *bzgl.*
A ein äquivalentes sequentielles Entscheidungsverfahren (τ', φ') *bzgl.*
G, d.h.

$$P_\theta(\tau' = n, \varphi'_n \in C) = P_\theta(\tau = n, \varphi_n \in C) \quad \forall\ \theta \in \Theta,\ n \in T,\ C \in \mathcal{D}.$$

Bereits BAHADUR gab etliche (theoretische) Charakterisierungen der Transitivität (und Suffizienz); einfach zu handhabende Kriterien für die
praktische Überprüfung der Transitivität (vergleichbar etwa mit dem
NEYMAN-Kriterium für die Suffizienz) gibt es jedoch u.W. bisher nicht.

Während es bei der Suffizienz (und Transitivität) um eine Reduktion ohne
"Informationsverlust" geht, steht bei der Reduktion durch Invarianz eine
Einschränkung der zugelassenen Entscheidungsverfahren aufgrund von In-
varianzeigenschaften des Problems im Vordergrund - dieses Reduktions-
prinzip erweist sich insbesondere bei "nuisance"-(Stör-) Parametern als
nützlich (beispielsweise bei sequentiellen t-, χ^2- und F-Tests). Allgemeine Aussagen über Invarianz bei sequentiellen Verfahren und Beziehungen zur Suffizienz wurden insbesondere von HALL/WIJSMAN/GHOSH [31] ge-
macht - für eine Darstellung sei auf die Monographie [5] von GHOSH verwiesen sowie auf den ausführlichen Übersichtsartikel [25] von WIJSMAN.

Eine Bemerkung in der Einleitung dieser Arbeit [25] "no simple optimum
property is known for these tests, nor does one know how to optain ex-
plicit expressions for power and expected sample sizes or other characteristics" leitet dabei auf den nächsten Abschnitt über:

6. <u>"Vernünftige" sequentielle Verfahren</u>

Die ernüchternden Erfahrungen mit dem SPRT bei zusammengesetzten Hypothesen (vgl. Abschnitt 4.3) führten zu Überlegungen, ob man die auftre-
tenden Nachteile vermeiden und dennoch Vorteile sequentieller Verfahren
erhalten könne. Unter dem - in Anbetracht des WALD-WOLFOWITZ'schen Op-
timalitätssatzes überraschenden - Titel

"A modification of the SPRT to reduce the sample size"

stellt T.W. ANDERSON [27] sequentielle Tests mit zusammenlaufenden Stopgeraden und mit fester Höchstbeobachtungsdauer vor. Für einige derartige Tests seien für den (gegenüber diskreten Beobachtungszeitpunkten analytisch einfacher zu handhabenden) Fall eines WIENER-Prozesses mit bekannter Varianz (als kontinuierlicher "Version" von iid $N(\mu,\sigma_o^2)$-verteilten Zufallsgrößen) einige Werte zitiert:

Für $\alpha_1=\alpha_2=0,05$ und $\delta=(\mu_1-\mu_o)/\sigma=0,2$ werden verglichen:

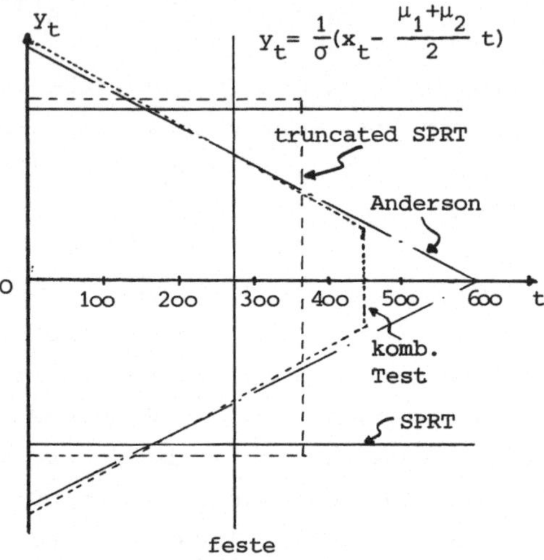

(i)   Test mit fester Beobachtungsdauer 270,6

(ii)   SPRT mit
$k_1 = -2,944 = -k_2$

(iii)   "truncated" SPRT mit
$k_1 = -k_2 = -3,108$
und $T = 377,5$

(iv)   Anderson-Test mit
$k_1 = -k_2 = -3,981$;
$T = 600,3$

(v)   "Kombinierter" Test;

es ergibt sich (vgl. [5]; S.238/239) für μ_i, $i = 1,2$ und $\mu_3 := \frac{\mu_1+\mu_2}{2}$:

	Verfahren	$E_1(\tau) = E_2(\tau)$	$E_3(\tau)$
(i)	feste Beob.-zeit	270,6	270,6
(ii)	SPRT	132,5	216,7
(iii)	truncated SPRT	138,9	205,7
(iv)	Anderson-Test	139,2	192,2
(v)	"Kombinierter" Test	139,8	192,2
	Untere Schranken	132,5	187,0 (Abschätzung)

Es zeigt sich also, daß es *den optimalen* Test nicht gibt - der "abgeschnittene" SPRT kommt der Forderung nach einem vernünftigen *Kompromiß* zwischen dem Ausnutzen der Vorteile sequentieller Verfahren und dem Vermeiden von deren Nachteilen (stark schwankende Beobachtungsdauern, hohe Beobachtungskosten "zwischen" den einfachen Hypothesen) wohl recht nahe.

Dieser hier nun an einem Beispiel demonstrierte Aspekt scheint seit einiger Zeit für die Entwicklung der Sequentialanalyse charakteristisch

zu sein: Man beurteilt sequentielle Verfahren nicht mehr nach nur einem
speziellen Optimalitätskriterium - sucht daher auch nicht unbedingt nach
einer in diesem Sinne optimalen Methode - sondern entwickelt Verfahren,
die sich unter verschiedenartigen Gesichtspunkten als "vernünftig" er-
weisen. In diesem Sinne sind dann auch z.B. die invarianten SPRT's wie
der sequentielle t-Test (vgl. GHOSH [5] S.300-305), der F-Test ([5],
S.305-311), der χ^2-Test ([5], S.314-317) und der T^2-Test (sequentieller
Hotelling-Test) ([5], S.317-320) "interessante" Tests.

Insbesondere für den klinisch-biometrischen Bereich sind in den letzten
Jahren etliche sequentielle Verfahren vorgeschlagen und untersucht worden. Dabei zeigt es sich immer wieder, daß man die statistischen Kenn-
größen (OC-Funktion, ASN-Funktion usw.) dieser Verfahren i.a. nicht
exakt berechnen kann, sondern höchstens Approximationen angeben oder
Simulationsergebnisse mitteilen kann. Gütevergleiche gelten i.a. besten-
falls asymptotisch - im Sinne einer asymptotischen Optimalität. Ein
wichtiges Hilfsmittel bei diesen Untersuchungen stellt die (nichtlineare)
Erneuerungstheorie dar (vgl. die Monographie [13] von WOODROOFE).

Dementsprechend scheint es nicht *das* "vernünftigste" sequentielle Verfahren für ein Problem zu geben; der "Anwender" muß sich eine für ihn
geeignete Methode heraussuchen (was im Zeitalter fertiger (Statistik-)
Software-Pakete sicherlich nicht zu einer raschen Verbreitung der Sequentialanalyse beiträgt).

7. Der SPRT bei stochastischen Prozessen

Die in 3.2 aufgelisteten Optimalitätseigenschaften des SPRT gelten für
den "iid"-Fall. Nun mag die Annahme stochastisch unabhängiger, identisch
verteilter Zufallsgrößen als Modell für die unabhängigen Laboratoriums-
versuchswiederholungen der Naturwissenschaften (zumindest näherungsweise)
gerechtfertigt sein - und für die mathematische Theorie recht angenehm -,
bei vielen Problemen der Ökonometrie und der Biowissenschaften ist z.B.
die Voraussetzung der Unabhängigkeit aber sicherlich nicht erfüllt: Man
kann einfach nicht die Marktlage vor der Einführung eines neuen Produk-
tes unabhängig wiederholen und bei Immunisierungsvorgängen oder Lern-
und Vergessensprozessen interessieren gerade die Abhängigkeiten.

In diesen Fällen hat man es also mit stochastischen Prozessen

$$\{X_n, \; n \in \mathbb{N}\}$$

bzw. noch allgemeiner

$$X_T = \{X_t, \; t \in T \subset [0; \infty)\}$$

zu tun. Es zeigt sich nun, daß man für *einfache* Hypothesen SPRT's in genau derselben Weise wie in 3.1 definieren kann - und hier liegt die Verwendung sequentieller Tests besonders nahe, da die Daten ohnehin sukzessive erhoben werden müssen. Allerdings kann dann sogar die Abgeschlossenheit (vgl. 3.2 (i)) verlorengehen. Diese "Ausnahmefälle" kann man jedoch gut charakterisieren (s. [34],[36]) und dann ist der SPRT durchaus von Interesse: Die Eigenschaften 3.2 (v) und (vi) (Zusammenhänge zwischen den k_i und $\alpha_i(\hat{\delta})$) sind unter der alleinigen Voraussetzung der Abgeschlossenheit erfüllt und die SPRT's sind schwach zulässig (s. [30]), können also nicht gleichmäßig verbessert werden. Daß sich die in 3.2 (iii), (iv) ausgedrückten Optimalitätseigenschaften nicht übertragen, braucht nicht zu verwundern; es gilt nämlich

7.1 <u>Anmerkung</u> (s. [32],[35])

Wenn auch nur eine der Voraussetzungen

> Unabhängigkeit, gleiche Verteilungen,
> unbegrenzte Beobachtungsmöglichkeit

verletzt ist, existiert i.a. *kein* Test, der simultan optimal bzgl. des Stichprobenumfangs ist.

Der Verlust der Optimalität ist also kein wirklicher Einwand gegenüber dem SPRT. Daß der SPRT vielmehr durchaus von praktischem Interesse sein kann, zeigt die folgende Anmerkung:

7.2 <u>Anmerkung</u> (s. [32],[33])

$(X_n)_{n \in \mathbb{N}}$ sei eine homogene Markov-Kette mit endlichem Zustandsraum, über die zwei einfache Hypothesen vorliegen. Dann ist jeder SPRT abgeschlossen (und exponentiell beschränkt) genau dann, wenn es keine erreichbare Teilkette gibt, für die beide Hypothesen übereinstimmen. In diesem Fall darf man vom SPRT eine Einsparung im Stichprobenumfang von über 70 % gegenüber den Verfahren mit festem Stichprobenumfang erwarten.

Es kann sich also lohnen, beim Testen stochastischer Prozesse auch sequentielle Verfahren zu berücksichtigen; es sei allerdings angemerkt,
daß die Theorie (des SPRT) bei zusammengesetzten Hypothesen erst in den
Anfängen steckt.

8. Abschließende Bemerkungen

In der Sequentialanalyse erhält der "Statistiker" eine neue "Stellung"
in der statistischen Untersuchung: Während in der "klassischen" Statistik vom Statistiker erwartet wird, daß er aus Daten, die von anderen
erhoben worden sind, noch das beste macht, erhält er bei sequentiellen
Verfahren Einfluß darauf, auf welche Weise und wieviele Daten erhoben
werden. Dies führt natürlich bei Routine-Arbeiten zu Problemen (vgl.
die Anmerkungen 4.1/4.2). Dementsprechend liegt die Verwendung sequentieller Verfahren derzeit vor allem dann nahe, wenn

(i)   die Einzelbeobachtungen zeit-/geldaufwendig sind,
(ii)   die Auswirkungen der Terminalentscheidungen gravierend sind,
(iii)   die Zeitabschnitte zwischen möglichen Beobachtungen (z.B. sel-
        tene Krankheiten) groß sind, so daß Zwischenauswertungen leicht
        möglich sind.

Für die Zukunft scheint jedoch noch ein weiterer Aspekt für die Verwendung sequentieller Verfahren wichtig zu werden: Wenn in Zentral-Labors
die Auswertung von Untersuchungen durch (schnelle) Computer erfolgt, so
werden sich Zwischenauswertungen automatisch durchführen und vom Compu-
terprogramm sogar die nächsten Untersuchungsschritte empfehlen lassen.
Dadurch kommen evtl. die in Abschnitt 4 genannten Einwände nicht mehr
zum Tragen; man kann vielmehr die Vorteile "automatisch" nutzen. Dies
wird u.A. zu einer Verringerung der *durchschnittlichen* Untersuchungsan-
zahl bei gleichzeitiger "Qualitätssteigerung" führen können und somit
sowohl zu einer geringeren Belastung der Patienten durch Untersuchungen
als auch zu Kosteneinsparungen im klinischen Bereich.

LITERATURHINWEISE

I.   Lehrbücher zur Sequentialanalyse

[1] WALD, A. (1947): Sequential Analysis. J. Wiley, New York.

[2] ARMITAGE, P. (1960): Sequential Medical Trials. Blackwell, Oxford.
     (2. Aufl. 1975).

[3] WETHERILL, G.B. (1966): Sequential Methods in Statistics.
     Methuen, London. (2. Aufl. 1975, Chapman and Hall, London).

[4] BECHHOFER, R.; KIEFER, J.; SOBEL, M. (1968): Sequential Identifi-
     cation and Ranking Procedures. Univ. Chicago Press, Chicago.

[5] GHOSH, B.K. (1970): Sequential Tests of Statistical Hypotheses.
     Addison-Wesley, Reading.

[6] CHERNOFF, H. (1972): Sequential Analysis and Optimal Design. SIAM,
     Philadelphia.

[7] GOVINDARAJULU, Z. (1975): Sequential Statistical Procedures.
     Academic Press, New York.

[8] MIHOÇ, G.; CRAIU, V. (1979): Tractat de Statisticǎ Mathematicǎ.
     Vol.III: Analiza Secventiala. Acad. Rep. Soc. Romania, Bucaresti.

[9] SEN, P.K. (1981): Sequential Nonparametrics. J. Wiley, New York.

[10] GOVINDARAJULU, Z. (1981): The sequential statistical analysis of
     hypothesis testing, point and interval estimation, and decision
     theory. American Sciences Press, Columbus.

[11] IRLE. A. (1982): Sequentielle Verfahren. Inst. Math. Statistik,
     WWU Münster.

[12] HECKENDORF, H. (1982): Grundlagen der sequentiellen Statistik.
     Teubner, Leipzig.

[13] WOODROOFE, M. (1982): Nonlinear Renewal Theory in Sequential Ana-
     lysis. SIAM, Philadelphia.

II. Lehrbücher zur Theorie des optimalen Stoppens

[14] CHOW, Y.S.; ROBBINS, H.; SIEGMUND, D. (1971): Great Expectations:
     The Theory of Optimal Stopping. Houghton Mifflin, Boston, PA.

[15] SIRJAEV, A. (1973): Statistical Sequential Analysis. Amer. Math.
     Society, Providence.

[16] SHIRYAYEV, A. (1978): Optimal Stopping Rules. Springer-Verlag,
     New York - Heidelberg - Berlin.

III. <u>Lehrbücher mit Kapiteln über Sequentialanalyse</u>

[17] WALD, A. (1950): Statistical Decision Functions. J. Wiley,
New York.

[18] BLACKWELL, D.; GIRSHICK, M. (1954): Theory of Games and Statistical Decisions. J. Wiley, New York.

[19] FERGUSON, Th. (1967): Mathematical Statistics. Academic Press,
New York.

[20] DE GROOT, M. (1970): Optimal Statistical Decisions. McGraw-Hill,
New York.

[21] ZACKS, S. (1971): The Theory of Statistical Inference. J. Wiley,
New York.

[22] BASAWA, I.; PRAKASA RAO, B. (1980): Statistical Inference for
Stochastic Processes. Academic Press, London.

VI. <u>Bibliographien; Übersichtsartikel</u>

[23] JACKSON, E. (1960): Bibliography on Sequential Analysis. J. Amer.
Statist. Ass. 55; 561-580. (374 Arbeiten aufgelistet).

[24] JOHNSON, N. (1961): Sequential Analysis: A. Survey. J. Royal Stat.
Soc., A 124, 372-411 (ca. 340 Arbeiten aufgelistet).

[25] WIJSMAN, R. (1979): Stopping time of invariant sequential probability ratio tests. Developments in Statistics (Ed. Krishnaiah),
Vol.2; 235-314 (62 zitierte Arbeiten).

[26] IRLE, A.; SCHMITZ, N. (1982): Recent developments in the theory
of optimal stopping. Modern Applied Mathematics (Ed. Korte)
(45 zitierte Arbeiten).

V. <u>Zitierte Originalarbeiten</u>

[27] ANDERSON, T. (1960): A modification of the sequential prohability
ratio test to reduce the sample size. Ann. Math. Statist. 31;
165-197.

[28] BAHADUR, R. (1954): Sufficiency and statistical decision funktions. Ann. Math. Statist. 25; 423-462.

[29] DANTZIG, G.B. (1940): On the nonexistence of tests of "Student's"
hypotheses having power functions independent of σ^2.

[30] EISENBERG, B.; GHOSH, B.; SIMONS, G. (1976): Properties of generalized sequential prohability ratio tests. Ann. Statist. 4;
237-251.

[31] HALL, W.; WIJSMAN, R.; GHOSH, J.K. (1965): The relationship between sufficiency and invariance with applications in sequential
analysis. Ann. Math. Statist. 36; 575-614.

[32]   SCHMITZ, N. (1968): Likelihoodquotienten-Sequenztests bei homo-
        genen Markoffschen Ketten. Biometrische Z. 10; 231-247.

[33]   SCHMITZ, N. (1970): Stichprobenumfänge des LQST bei homogenen
        Markoff-Ketten. Oper. Res. Verf. VIII; 271-279.

[34]   SCHMITZ, N. (1970): Existenz von sequentiellen Tests zu vorgege-
        benen Niveaus. Archiv. Math. XXI; 617-628.

[35]   SCHMITZ, N. (1972): A note on the optimality of k-stage tests.
        Metrika 19; 72-75.

[36]   SCHMITZ, N. (1977): Corrigendum zu "Sequentielle Mehrentschei-
        dungsverfahren mit vorgeschriebenem Irrtumsvektor". Oper. Res.
        Verf. XXIV; 176-177.

[37]   STEIN, Ch. (1945): A two-sample test for a linear hypothesis
        whose power is independent of the variance. Ann. Math. Statist.
        16; 243-258.

[38]   STEIN, Ch. (1946): A note on cumulative sums. Ann. Math. Statist.
        17; 498-499.

[39]   WALD, A. (1945): Sequential tests of statistical hypotheses. Ann.
        Math. Statist. 16; 117-186.

[40]   WALD, A.; WOLFOWITZ, J. (1948): Optimum character of the sequen-
        tial probability ratio test. Ann. Math. Statist. 19; 326-339.

<u>THE SEQUENTIAL ANALYSIS OF SURVIVAL DATA</u>

John Whitehead
University of Reading*

1. <u>Introduction</u>

Four years ago David Jones and I wrote a paper (JONES and WHITEHEAD,
1979) on the use of the sequential logrank test in clinical trials.
Two basic assumptions underlay that work. First, that the two patient
groups being compared faced proportional hazards and second that the
median survival time of patients was short relative to the duration of
the trial. These assumptions were valid in an application of the sequential logrank test to a lung cancer trial conducted in Birmingham
(JONES, NEWMAN and WHITEHEAD, 1982; WHITEHEAD, JONES and ELLIS, 1983).

This paper concerns a class of clinical trial in which neither of the
assumptions above is true. A way of overcoming the problem of nonpro-
portional hazards will be described, and the value of using sequential
analysis even when the majority of survival times exceed the duration
of the trial, will be discussed. I am grateful to Dr. Stephen George of
St. Jude Hospital, Memphis, Tennessee for suggesting this problem.

2. <u>A trial with non-proportional hazards</u>

The following is an example of the kind of trial which is constructed
to compare survival times, and yet ist not suitable for analysis by logrank methods. It concerns cancer patients who have achieved remission
through the application of some initial treatment, and are then given
further continuing treatment to prevent a subsequent relapse. Neverthe-
less, a substantial proportion of patients will relapse, and the time
between remission and relapse will be of interest. Suppose that all survival experience is to be compared with that of historical controls who
previously were treated by standard therapy. This case provides an easy
introduction to a theory which can then be generalized to the case where

---

*) Currently on leave of absence at the Fred Hutchinson Cancer Research
   Center, 1124 Columbia Street, Seattle, WA 98104, U.S.A.

two treatments are compared prospectively. It is also of direct use in situations where the use of historical controls is justifiable or unavoidable.

The experimental treatment involves the use of toxic chemotherapy during the first few weeks, and so the short term prospects of these patients are expected to be no better than, and possibly worse than, those of the controls. However, for those whose remission survives this early period long term prospects are likely to be enhanced. Thus ist is anticipated that the survival curves of the two treatment groups might cross; certainly proportional hazards are not expected.

As the standard is being assessed from historical controls its associated survival curve can already be estimated. We shall suppose that sufficient patients have received the standard for its survival curve to be treated as known. In particular it will be assumed that a large proportion of patients on the standard are essentially cured; they do not remit during a long follow-up period.

Both of these features seem to indicate that sequential analysis is inappropriate, certainly the sequential logrank test cannot be used. In the next section the purpose of a sequential approach will be described.

3. <u>Objectives of regular monitoring</u>

The trial is designed to recruit patients for a period of T years, and then to follow all patients for a further U years. Responsible conduct of the trial will include periodic examinations of the data to see that all is well. To begin with only the occurrence of serious unforeseen side-effects or a very large treatment difference inconsistent with pre-trial predictions could cause the termination of the study. It ist likely that, excepting such emergency action, the recruitment phase will be completed and so the monitoring does not seek to reduce the sample size. However, as monitoring continues into the follow-up phase, the results of the trial may become clear many months before the official termination is due. Early stopping can then lead to early publication of results and benefit new patients presenting with the disease. In certain trials it might also allow current patients, possibly including those in the trial, to be crossed over onto the more successful continuing therapy.

The inclusion of the option to stop the trial early will be at the cost
of increasing the maximum amount of information that the trial might
require. In short, more patients will have to be recruited. An acceptable
sequential procedure will have to keep this increase in sample size
small.

4. The primary patient response

At the end of the trial the survival curves of both treatment groups
can be estimated, and a suitable parametric or partially parametric
analysis can be conducted. However, when designing a monitoring procedure to be used from the outset no such models are available. The simp-
lest approach is to replace actual survival time as the response of interest by the binary variable with value 1 if the patient survived to
time τ years and 0 otherwise. The value of τ ist chosen to exceed the
likely cross-over of the survival curves and to be of clinical interest.
If the follow-up phase has length $U = \tau$, then at the end of the trial
complete information should be available for analysis of this response.
From τ years into the trial until the planned end of follow-up only
limidet data will be available as many patients will not have been in
the trial for τ years. The next section will show how these limited
data can be used in monitoring the trial. The method can only be applied
from the time when the first patient has been in the trial for τ years;
it does not address the problem of monitoring the early part of the
trial during which 'emergency stopping' should still be allowed.

5. Test statistics

Let the new and standard treatments give rise to the survival curves
$\mathcal{F}_N$ and $\mathcal{F}_S$ respectively. Put $p = \mathcal{F}_N(\tau)$ and $\pi = \mathcal{F}_S(\tau)$; the latter will
be treated as known. The only patients being considered prospectively
are those on the new treatment and they have relapses after remission
of duration $t_1,\ldots,t_h$ where

$$0 < t_1 < \ldots < t_h \leq \tau \quad ,$$

remissions occuring after τ years being ignored. There are

$$r_i \quad \text{remissions of duration} \geq t_i$$

$$m_i \quad \text{remissions of duration} = t_i$$

$$s_i \quad \text{remissions of duration} > t_i \quad ,$$

$$(m_i + s_i = r_i; \quad i = 1,\ldots,h) \quad .$$

Put

$$p_i = \mathcal{F}_N(t_i)$$

and

$$q_i = P_N(\text{survival past } t_i \mid \text{survival past } t_{i-1})$$

so that

$$q_i = p_i/p_{i-1}, \quad (i = 1,\ldots,h; \; p_0 = 1) .$$

The likelihood can be written either in terms of the q_i or the p_i,

$$L = \prod_{i=1}^{h} q_i^{s_i} (1-q_i)^{m_i}$$

$$= \prod_{i=1}^{h} \left(\frac{p_i}{p_{i-1}} \right)^{s_i} \left(\frac{p_{i-1}-p_i}{p_{i-1}} \right)^{m_i} \quad .$$

The general theory of creating test statistics for sequential analysis presented in WHITEHEAD (1978) will be applied here. The parameter of interest is taken to be the log-odds-ratio

$$\theta = \log \left\{ \frac{p(1-\pi)}{\pi(1-p)} \right\}$$

and the nuisance parameter ϕ is the vector consisting of $p_1,\ldots,p_{h-1}$. The parameter p will be identified with p_h. The null hypothesis $H_o: \theta = 0$ is to be tested against the two-sided alternative $H_1: \theta \neq 0$. The general theory suggests the use of the test statistics

$$Z = \ell_\theta(0, \psi_o)$$

and

$$V = -\ell^{\theta\theta}(0, \phi_o)$$

where

$$\ell^{\theta\theta} = \ell_{\theta\theta} - \ell_{\theta\phi}(\ell_{\phi\phi})^{-1}\ell_{\phi\theta}$$

and $\phi_o = \hat{\phi}(0)$ is the restricted maximum likelihood estimate of ϕ given that $\theta = 0$. The sequential monitoring then consists of the periodic plotting of Z against V, with early stopping if the plotted point lies outside a specified continuation region derived from normal theory. The validity of the procedure rests on the result that Z is asymptotically normally destributed with mean θV and variance V.

The test statistics can be shown to be

$$Z = \xi$$

where

$$\prod_{i=1}^{h} \left\{ \frac{s_i - \xi/(1-\pi)}{r_i - \xi/(1-\pi)} \right\} = \pi$$

and

$$V = (1-\pi)^2 s_h + \frac{\pi^2(1-\pi)^2}{B_h} - (1-2\pi)\xi$$

where

$$B_j = \frac{B_{j-1} b_j a_{j-1} + b_j + B_{j-1}}{a_{j-1} B_{j-1} + 1}, \qquad j = 2,\ldots,h,$$

$$B_1 = b_1,$$

$$a_j = (s_j - r_{j+1})/\hat{P}_j^2, \qquad j = 1,\ldots,h-1,$$

$$b_j = (\hat{P}_{j-1} - \hat{P}_j)^2/m_j, \qquad j = 1,\ldots,h.$$

The polynomial equation defining ξ has only one root that is less than s_h; this is the required root as it makes all estimates of the q_i positive. The estimates $\hat{p}_i$ are restricted maximum likelihood estimates given that $\theta = 0$.

At the end of the trial, no censoring will remain and s_i will equal r_{i+1} for $i = 0,\ldots,h$ ($s_o = n$, the number of patients recruited). Thus ξ is now the solution of

$$\frac{s_h - \xi/(1-\pi)}{n - \xi/(1-\pi)} = \pi \ ,$$

that is

$$\xi = Z = s_h - n\pi \ .$$

Further,

$$V = n\pi(1-\pi) \qquad .$$

These are the usual test statistics used in the analysis of a binomial proportion.

6. <u>Stopping boundaries: An example</u>

Suppose that the known value of π is 0.5, and that significance at the 5 % level (for the two-sided alternative $H_1 : \theta \neq 0$) is required with probability 0.975 when either $p = 0.7$ or $p = 0.3$. These alternatives correspond to $\theta = 0.85$ and -0.85 respectively. The following stopping rule is appropriate if monitoring inspections are frequent. Continue the trial as long as

$$Z \varepsilon (-3.119 - 0.587\,V,\ 3.119 + 0.587\,V) \quad \text{and} \quad V \leq 22.4 \ .$$

The null hypothesis can be rejected in favour of the alternative that the new treatment is superior if the terminal values of Z and V, Z* and V*, satisfy

$$Z^* \geq 3.119 + 0.587\,V^*$$

or

$$V^* \geq 22.4 \quad \text{and} \quad Z^* \geq 9.92 \ .$$

Rejection in favour of the alternative that the new treatment is inferior occurs if

$$Z^* \leq -3.119 - 0.587\,V^*$$

or

$$V^* \geq 22.4 \quad \text{and} \quad Z^* \leq -9.92 \ ,$$

and acceptance if $V^* \geq 22.4$ and $Z^* \epsilon (-9.92, 9.92)$. The overall significance level of the procedure is 5 % and H_o is rejected and the new treatment declared superior (inferior) with probability 0.975 if $\theta = 0.85(-0.85)$.

Early stopping occurs with probability of only 0.02 under the null hypothesis, and the procedure allows the trial to run for its full length and still reject H_o with a significance level lying between 2 % and 5 %. This is a modification of the restricted procedure of ARMITAGE (1975); the original scheme has early stopping and rejection at the 5 % level being equivalent, and thus requires a larger maximum value of V. The idea of allowing rejection, even when the maximum value of V is attained, has been suggested in the context to repeated significance tests in Statistical Note 4 of PETO et al. (1976; p.611) and in lectures by Professor David SIEGMUND.

This continuation region is descussed further in WHITEHEAD (1982; Section 6.2.4), and elsewhere in that reference are tables which allow the properties of the scheme to be evaluated. At the end of such a trial further tables can be used to derive the true significance level and a median unbiased estimate of, and 95 % confidence interval for, θ. Also explained are corrections which are appropriate when monitoring inspections are not frequent.

When the trial is complete, we have $V = \pi n (1-\pi) = \tfrac{1}{4}n$. To be sure of obtaining $V = 22.4$, 90 patients must be entered into the trial. The equivalent fixed sample procedure requires 85 patients; the option of early termination is cheaply bought.

7. <u>Conclusions</u>

An extension of this work to the case where two treatments are compared prospectively is presented in WHITEHEAD and MAREK (1983). Procedures for monitoring the trial during its first τ years remain to be explored.

This kind of trial, like all long-term clinical trials, is inescapably sequential in nature. For ethical reasons some form of monitoring, with the power to terminate the trial if necessary, will be required. The choice lies not between sequential and non-sequential procedures, but between formal sequential designs and ad-hoc adjustments for repeated testing. Although the methods presented here still leave repeated inspection of secondary responses, such as the incidence of side-effects, in the realms of ad-hoc procedures, at least monitoring of the principal response and most likely indicator that early stopping is desirable can be pursued formally.

REFERENCES

[1]   ARMITAGE, P. (1975): Sequential Medical Trials, (2nd Edition).
        Oxford: Blackwell.

[2]   JONES, D.R.; NEWMAN, C.E. and WHITEHEAD, J. (1982): The design
        of a sequential clinical trial for the comparison of two lung
        cancer treatments. Statistics in Medicine 1, 73-82.

[3]   JONES, D.R.; WHITEHEAD, J. (1979): Sequential forms of the log
        rank and modified Wilcoxon tests for censored data. Biometrika
        66, 105-113, and Correction (1981), Biometrika 68, 576.

[4]   PETO, R.; PIKE, M.C.; ARMITAGE, P.; BRESLOW, N.E.; COX, D.R.;
        HOWARD, S.V.; MANTEL, N.; McPHERSON, K.; PETO, J. and SMITH,P.G.
        (1976): Design and analysis of randomised clinical trials re-
        quiring prolonged observation of each patient. I. Introduction
        and design. Br. J. Cancer 34, 585-612.

[5]   WHITEHEAD, J. (1978): Large sample sequential methods with appli-
        cation to the analysis of 2x2 contingency tables. Biometrika 65,
        351-356.

[6]   WHITEHEAD, J. (1982): The Design and Analysis of Sequential Cli-
        nical Trials. Chichester: Ellis Horwood.

[7]   WHITEHEAD, J.; JONES, D.R. and ELLIS, S.H. (1983): The analysis
        of a sequential clinical trial for the comparison of two lung
        cancer treatments. Statistics in Medicine 2. (To appear).

[8]   WHITEHEAD, J. and MAREK, P. (1983): Sequential clinical trials
        for the comparison of survival curves with non-proportional
        hazards. (In preparation).

<u>PROCEDURES FOR SERIAL TESTING IN CENSORED SURVIVAL DATA</u>

D.P. Harrington
Department of Applied Mathematics and Computer Science
University of Virginia
Charlottesville, Virginia

T.R. Fleming and S.J. Green
Department of Medical Statistics and Epidemiology
Mayo Clinic
Rochester, Minnesota

1. <u>Introduction</u>

Prospective studies, such as those carried out in many cancer centers
throughout the world, need to be carefully monitored and subjected to
interim analyses to satisfy important ethical considerations. Typically,
the therapeutic effecacy and resulting survival distribution for an experimental treatment regimen are compared to the efficacy and survival
obtained from a currently accepted standard regimen. These studies often
give rise to the dual need to terminate as soon as possible any trial in
which it ist sufficiently clear either that (1) the experimental treatment yields better results than the standard treatment or (2) the data
strongly contradict the hypothesis of some minimally acceptable treatment difference. In this paper, we examine the problem of constructing
closed sequential experimental designs allowing for hypothesis tests at
multiple points in time when the data gathered are censored failure time
data. The tests we study are useful for examining various forms of de-
pendence of an underlying survival function $S(x)$ on a random scalar covariate Z.

2. <u>Model and Notation</u>

In this manuscript we will adopt the excellent notation proposed by
TSIATIS (1981b) for this problem. In particular, suppose that in a prospective study the following variables are associated with the ith study
subject in a sample of n such independent and identically distributed
subjects:

Y_i: the entry time (measured from the beginning of the study)

X_i: the time from study entry to a specified endpoint

W_i: the time from study entry until that subject is lost to follow up

Z_i: random scalar valued covariate.

Since X, Y and W generally are stochastically dependent on Z (which may, for instance, denote sample membership in a two sample comparative study), the following notation will be used to denote the conditional distributions:

$$H(x|z) = P(Y \leq x | Z = z),$$

$$S(x|z) = P(X > x | Z = z),$$

$$G(x|z) = P(W > x | Z = z).$$

We shall assume throughout that $P(Y \leq y, X > x, W > w | Z = z) = H(y|z) S(x|z) G(w|z)$ for all (y,x,w). Assume $S(x|z)$ is continuous and define $\lambda(x|z) \equiv -\frac{d}{dx} \ln S(x|z)$.

If data of this sort are analyzed at calendar time t, that is, t units of time after the beginning of the study, the available data for subject i would include $\{X_i(t), \Delta_i(t), Z_i I\{Y_i \leq t\}\}$ where

$$X_i(t) \equiv \max \{\min(X_i, t-Y_i, W_i), 0\}$$

and

$$\Delta_i(t) \equiv I\{X_i \leq \min(t-Y_i, W_i)\}.$$

Here $I\{E\}$ is the indicator random variable for the event E. In many cases, these data are used to test hypotheses about the dependence of $S(x|z)$ on the covariate values z.

In the next section we will review some hypotheses of interest and appropriate test statistics when one is conducting only a single test.

3. A Class of Single Rank Test Statistics

3.1 Tests of H_0: $S(x|z) = S(x)$. The G^ρ family

The operating characteristics of nonparametric procedures used in survival theory are most clearly understood when hypotheses are tested only once. Thus, in this section, we will temporarily assume that the data will be analyzed only at calendar time t. Without loss of generality then, we can assume in Section 3 that $H(t|z) \equiv 1$.

The most common hypothesis in this situation is H_0: $S(x|z) = S(x)$, $0 \leq x \leq t$, where $S(x)$ is unspecified. The form of the statistic used here of course depends on the way in which possible covariate dependence is modeled in the survivor function. If for the scalar covariate Z one assumes $S(x|z) = \{S_0(x)\}^{\exp(z\beta)}$, then the partial likelihood score statistic for testing the equivalent hypothesis H_0: $\beta = 0$ yields the logrank test (MANTEL 1966, COX 1972, PETO and PETO 1972). In our current notation this statistic is

$$\sum_{i=1}^{n} \Delta_i(t) \left[z_i - \frac{\sum\limits_{\ell=1}^{n} z_\ell \, I\{X_\ell(t) \geq X_i(t)\}}{\sum\limits_{\ell=1}^{n} I\{X_\ell(t) \geq X_i(t)\}} \right]$$

A number of authors (TARONE and WARE, 1977; PRENTICE and MAREK, 1979; and HARRINGTON and FLEMING, 1982) have proposed generalizing the above test of H_0 by incorporating weights into the terms in the above sum, yielding statistics of the form

$$S_n(t) = \sum_{i=1}^{n} \hat{Q}\{t, X_i(t)\} \Delta_i(t) \left[z_i - \frac{\sum\limits_{\ell=1}^{n} z_\ell \, I\{X_\ell(t) \geq X_i(t)\}}{\sum\limits_{\ell=1}^{n} I\{X_\ell(t) \geq X_i(t)\}} \right] \quad (3.1)$$

The changes induced on the operating characteristics of the logrank test are clearly understood when $\hat{Q}(t,x) = \{\hat{S}(t,x)\}^\rho$, $\rho \geq 0$, where $\hat{S}(t,x)$ is the value at survival time x, $x \leq t$, of the left continuous version of the Kaplan-Meier product limit estimator computed from the pooled sample at calendar time t. This family of tests has been called the G^ρ family, and was proposed and studied for the k-sample problem in HARRINGTON and FLEMING (1982). Of course, when $\rho = 0$ the test is the logrank, and when $\rho = 1$, the test is essentially equivalent to the generalized Wilcoxon statistic proposed by PETO and PETO (1972) and by PRENTICE (1978).

For the two sample problem, where Z is 0 or 1, the following theorem indicates the types of departures against which each G^ρ test procedure is fully efficient. The proof relies on Corollary 5.3.1 in GILL (1980) and is given in detail in HARRINGTON and FLEMING (1982).

Theorem 3.1

Let $S_j(x) \equiv S(x \mid Z=j)$ and $\lambda_j(x) \equiv -\frac{d}{dx} \ln S_j(x)$ for $j = 0,1$. Fix $\rho \geq 0$. The test based on the statistic G^ρ is fully efficient for testing $H_0: \beta = 0$ against $H_A: \beta \neq 0$ for the LEHMANN (1953) family of alternatives

$$S_1(x) = S_0(x)\left[\{S_0(x)\}^\rho + [1 - \{S_0(x)\}^\rho]e^\beta\right]^{-1/\rho}, \quad 0 \leq x \leq t \qquad (3.2)$$

or, equivalently,

$$\lambda_1(x) = \lambda_0(x)\, e^\beta \left[\{S_0(x)\}^\rho + [1 - \{S_0(x)\}^\rho]e^\beta\right]^{-1}, \quad 0 \leq x \leq t \qquad (3.3)$$

if and only if

$$H(t-x \mid Z=1)\, \bar{G}(x \mid Z=1) = H(t-x \mid Z=0)\, \bar{G}(x \mid Z=0), \quad x \leq t\,.$$

Interestingly, for $\rho = 0$ (resp. $\rho = 1$) we simply recover the result that the logrank test (resp. Peto and Peto - Wilcoxon test) is fully efficient for time transformed location alternatives for the extreme value (resp. logistic) distribution.

If Z is an arbitrary scalar covariate, the relationships (3.2) and (3.3) can be recast, for $\rho > 0$, as

$$S(x \mid z) = S_0(x)\left[\{S_0(x)\}^\rho + [1 - \{S_0(x)\}^\rho]e^{\beta z}\right]^{-1/\rho} \qquad (3.4)$$

$$\lambda(x \mid z) = \lambda_0(x)\, e^{\beta z}\left[\{S_0(x)\}^\rho + [1 - \{S_0(x)\}^\rho]e^{\beta z}\right]^{-1} \qquad (3.5)$$

The G^ρ tests discussed above are applicable to testing $H_0: \beta = 0$ in this setting as well.

One may often be interested in testing $H_0: \beta = \beta_0$, β_0 not necessarily zero. This situation may arise, for instance, in cancer clinical trials when a more toxic experimental treatment is being tested against a standard treatment, and one wishes to assess whether data gathered contain significant evidence against a minimally acceptable treatment difference, say a 25% decrease in the underlying hazard.

In the next two sub-sections, we will examine statistics $\tilde{S}_n(t)$ appropriate for testing the more general hypothesis $H_0: \beta = \beta_0$, at calendar time t. We will begin by considering the specific case of testing $H_0: \beta = \beta_0$ under the proportional hazards model, which warrants special consideration due to its wide applicability. This model, of course, is given in (3.5) when $\rho = 0$.

3.2 Tests of $H_0: \beta = \beta_0$ under Proportional Hazards

The proper form for $\tilde{S}_n(t)$ under the model $\lambda(x|z) = \lambda_0(x)\, e^{\beta z}$ can be seen from both a heuristic and a formal point of view. TSIATIS (1981a and b) has pointed out that expression (3.1) for $S_n(t)$, usefull in testing $H_0: \lambda(x|z) = \lambda_0(x)$, is equal to

$$S_n(t) = \sum_{i=1}^{n} \int_0^t \hat{Q}(t,x) \left[Z_i - \frac{\sum_{\ell=1}^{n} Z_\ell\, I\{X_\ell(t) \geq x\}}{\sum_{\ell=1}^{n} I\{X_\ell(t) \geq x\}} \right] \left[d\,N_i(t,x) - I\{X_i(t) \geq x\}\, \lambda_0(x)\,dx \right] \qquad (3.6)$$

where $N_i(t,x) = I\{X_i(t) \leq x,\ \Delta_i(t) = 1\}$. For testing the general hypothesis $H_0: \beta = \beta_0$ under the model $\lambda(x|z) = e^{\beta z} \lambda_0(x)$, one might set $Q(t,x) \equiv 1$ and then replace $\lambda_0(x)$ in (3.6) with $e^{z_i \beta} \lambda_0(x)$, where, in turn, $\lambda_0(x)$ must be estimated from the data. Under $H_0: \beta = \beta_0$, and at calendar time t, a natural estimator for $\Lambda_0(x) \equiv \int_0^x \lambda_0(u)\,du$ is

$$\hat{\Lambda}_0(t,x) = \sum_{i=1}^{n} \int_0^x \left[\sum_{j=1}^{n} e^{\beta_0 z_j}\, I\{X_j(t) \geq u\} \right]^{-1} dN_i(t,u)\,.$$

The following lemma, which has a simple algebraic proof, demonstrates that this heuristic approach yields a statistic which is easy to calculate.

Lemma 3.1

$$\tilde{S}_n(t) \equiv \sum_{i=1}^{n} \int_0^t \left[Z_i - \frac{\sum_{\ell=1}^{n} Z_\ell \, I\{X_\ell(t) \geq x\}}{\sum_{\ell=1}^{n} I\{X_\ell(t) \geq x\}} \right] \left[dN_i(t,x) - I\{X_i(t) \geq x\} e^{\beta_0 Z_i} \, d\hat{\Lambda}_0(t,x) \right]$$

$$= \sum_{i=1}^{n} \int_0^t \left[Z_i - \frac{\sum_{\ell=1}^{n} Z_\ell \, e^{\beta_0 Z_\ell} I\{X_\ell(t) \geq x\}}{\sum_{\ell=1}^{n} e^{\beta_0 Z_\ell} I\{X_\ell(t) \geq x\}} \right] dN_i(t,x) \tag{3.7}$$

Although the above approach is only intuitively reasonable, the following lemma indicates that the statistic just derived to test $H_0 : \beta = \beta_0$, under the model $\lambda(x|z) = \lambda_0(x) \, e^{\beta z}$, has a more formal justification.

Lemma 3.2

Let $L(\beta,t)$ be the COX (1975) partial likelihood constructed at calendar time t from the proportional hazards model $\lambda(x|z) = \lambda_0(x) \, e^{z\beta}$. That is,

$$L(\beta,t) = \prod_{i=1}^{n} \left[\frac{e^{Z_i \beta}}{\sum_{\ell=1}^{n} e^{Z_\ell \beta} I\{X_\ell(t) \geq X_i(t)\}} \right]^{\Delta_i(t)} \, .$$

Then $\tilde{S}_n(t)$ in expression (3.7) is simply the score test statistic $\frac{\partial}{\partial \beta} \ell n \, L(\beta,t) \big|_{\beta = \beta_0}$.

In this sub-section, we have discussed testing the hypothesis that

$$H_0 : \lambda(x|z) = \lambda_0(x) e^{\beta_0 z} \, . \tag{3.8}$$

It should be observed that the alternative of interest to H_0 may not always satisfy the proportional hazards assumption, i.e., may not be specified by (3.8) with β_0 replaced by β. More generally, if data analysis occur at calendar time t, one may wish to test $H_0 : \alpha = 0$ vs $H_A : \alpha \neq 0$ where

$$\lambda(x|z) = \lambda_0(x) \exp\{z(\beta_0 + \alpha Q(t,x))\} \tag{3.9}$$

for some function $Q(t,x)$ continuous in x. We assume that $Q(t,x)$ is independent of α but may be a function of $\lambda_0(x)$. Clearly (3.9) reduces to (3.8) when $\alpha = 0$.

With analysis occuring at calendar time t, let $\hat{Q}(t,x)$ be a consistent estimator of $Q(t,x)$ under H_0. Forming Cox's partial likelihood $L(\beta_0,\alpha,t)$ based upon the relationship (3.9), the resulting expression can be used to formulate a score-type test statistic $\frac{\partial}{\partial\alpha} \ell n\, L(\beta_0,\alpha,t)\big|_{\alpha=0}$. Replacing $Q(t,x)$ by $\hat{Q}(t,x)$ yields

$$\tilde{S}_n(t) = \sum_{i=1}^{n} \int_0^t \hat{Q}(t,x) \left[Z_i - \frac{\sum_{\ell=1}^{n} Z_\ell e^{\beta_0 Z_\ell} I\{X_\ell(t) \geq x\}}{\sum_{\ell=1}^{n} e^{\beta_0 Z_\ell} I\{X_\ell(t) \geq x\}} \right] dN_i(t,x) \tag{3.10}$$

We propose $\tilde{S}_n(t)$ as defined in (3.10) be employed to test $H_0:\alpha = 0$ vs $H_A: \alpha \neq 0$ for the hazard relationship specified by (3.9). Its distribution under H_0 will be derived in §4. Observe that expression (3.10) reduces to (3.7) when $\hat{Q}(t,x) \equiv 1 \equiv Q(t,x)$ and it reduces to (3.1) when $\beta_0 = 0$.

Setting $\hat{Q}(t,x) = \{\hat{S}(t,x)\}^\rho$ in expression (3.10) would yield a generalized G^ρ statistic for testing $H_0:\alpha = 0$ in relationship (3.9) with

$$Q(t,x) = \exp\left\{-\rho \int_0^x \left[\frac{E\{e^{Z\beta_0} \bar{G}(u|Z)\, H(t-u|Z)\, \{S_0(u)\}^{\exp(Z\beta_0)}\}}{E\{\bar{G}(u|Z)\, H(t-u|Z)\, \{S_0(u)\}^{\exp(Z\beta_0)}\}} \right] \lambda_0(u)\, du \right\} . \tag{3.11}$$

When $H(u|z) = H(u)$ and $\bar{G}(u|z) = \bar{G}(u)$, equation (3.11) reduces to $Q(t,x) = [E\{(S_0(x))^{\exp(Z\beta_0)}\}]^\rho$. If instead one assumes $\beta_0 = 0$, then (3.11) reduces to $Q(t,x) = \{S_0(x)\}^\rho$. It follows that the G^ρ test procedure, specified by (3.10) when $\hat{Q}(t,x) = \{\hat{S}(t,x)\}^\rho$ and $\beta_0 = 0$, has been derived as being appropriate for testing $H_0:\alpha = 0$ in hazard relationship (3.9) with $\beta_0 = 0$ and $Q(t,x) = \{S_0(x)\}^\rho$ or, as noted earlier, for testing $H_0 : \beta = 0$ in hazard relationship (3.5). As would be expected, these two hazard relationships are very similar.

3.3 Tests under more general models

We observed in the previous sub-section that the statistic in (3.10) arises as a score-type test statistic appropriate for testing $H_0: \alpha = 0$ under the model $\lambda(x|z) = \lambda_0(x) \exp\{z(\beta_0 + \alpha Q(t,x))\}$.

More generally, one could be interested in a test of the hypothesis $H_0: \alpha = 0$ vs $H_A: \alpha \neq 0$ where

$$\lambda(x|z) = \lambda_0(x) \exp\{z(Q_2(t,x) + \alpha Q_1(t,x))\} \tag{3.12}$$

for continous functions $Q_i(t,x)$ which are independent of α but may be functions of $\lambda_0(x)$.

For $i = 1,2$, let $\hat{Q}_i(t,x)$ be a consistent estimator under H_0 of $Q_i(t,x)$, where t continues to represent the calendar time of analysis. Forming Cox's partial likelihood based upon the relationship (3.12), one can again obtain a score-type statistic to test $H_0: \alpha = 0$. Replacing $Q_i(t,x)$ by $\hat{Q}_i(t,x)$ yields

$$\tilde{S}_n(t) = \sum_{i=1}^{n} \int_0^t \hat{Q}_1(t,x) \left[Z_i - \frac{\sum_{\ell=1}^{n} Z_\ell I\{X_\ell(t) \geq x\} e^{Z_\ell \hat{Q}_2(t,x)}}{\sum_{\ell=1}^{n} I\{X_\ell(t) \geq x\} e^{Z_\ell \hat{Q}_2(t,x)}} \right] dN_i(t,x) \tag{3.13}$$

Motivated by the frequent need, described in the introduction, to perform interim analyses of the data, we will examine in the next section the distributions of the statistics which we have just discussed and how they can be employed when performing repeated significance testing in censored survival date. Unfortunately, it appears that the techniques to be used are only applicable when $\hat{Q}_2(t,x)$ in (3.13) is non-random. As a result, we will restrict our attention hereafter to statistics of the form appearing in expression (3.10).

4. Repeated Significance Testing in Censored Survival Data

4.1 Critical regions for repeated tests

The structure of our repeated testing critical regions will be essentially that proposed by SLUD and WEI (1981).

1. We will assume one will perform up to K tests based up to n individuals. The $j\underline{\text{th}}$ test will be performed at time t_j using $\tilde{S}_n(t_j)$ as defined in (3.10). $\tilde{S}_n(t_j)$ is a mean zero statistic under H_0 specified by (3.8).

2. For a fixed overall significance level α, we will choose $\pi_1, \pi_2, \ldots, \pi_K$ such that $0 < \pi_j$ and $\sum_{j=1}^{K} \pi_j = \alpha$.

3. Critical values $\{a_1, \ldots, a_K\}$ will be recursively determinded, i.e., having chosen $a_1, \ldots, a_{j-1}$, we will choose a_j so that
$$P\{\tilde{S}_n(t_1) < a_1, \ldots, \tilde{S}_n(t_{j-1}) < a_{j-1}, \tilde{S}_n(t_j) \geq a_j | H_0\} = \pi_j.$$

4. We will reject H_0 if and only if one observes the event
$$R = \bigcup_{j=1}^{K} \{\tilde{S}_n(t_1) < a_1, \ldots, \tilde{S}_n(t_{j-1}) < a_{j-1}, \tilde{S}_n(t_j) \geq a_j\},$$ which is the union of K mutually exclusive components. Thus $P(R|H_0) = \alpha$.

To carry out this approach one needs to determine the joint distribution of $n^{-1/2}\{\tilde{S}_n(t_1), \tilde{S}_n(t_2), \ldots, \tilde{S}_n(t_j)\}$ for any $t_1 \leq t_2 \leq \ldots \leq t_j$, $j = 1, \ldots, K$. We will indicate how the asymptotic joint distribution is obtained in the special case when Z_i assumes finitely many levels. Specifically, we will assume $P(Z_i = c_k) = p_k$ for $k = 1, \ldots, m$, where m is finite and $p_1 + p_2 + \ldots + p_m = 1$.

The following, which is an alternative form for $\tilde{S}_n(t)$ defined in (3.10) and which is the direct analogue of (3.6) for $\beta_0 \neq 0$, is easy to establish and will be useful in what follows.

<u>Lemma 4.1</u> $\tilde{S}_n(t) =$

$$\sum_{i=1}^{n} \int_0^t \hat{Q}(t,x) \left[Z_i - \frac{\sum_{\ell=1}^{n} Z_\ell e^{\beta_0 Z_\ell} I\{X_\ell(t) \geq x\}}{\sum_{\ell=1}^{n} e^{\beta_0 Z_\ell} I\{X_\ell(t) \geq x\}} \right] d\left[N_i(t,x) - \int_0^x e^{\beta_0 Z_i} I\{X_i(t) \geq u\} \lambda_0(u) du \right].$$

We note that $\tilde{S}_n(t)$ is of the form $\sum_{i=1}^{n} \int_0^t h_i(t,x)\,dM_i(t,x)$. For fixed t, $M_i(t,x)$ is a square integrable martingale with respect to the basis $F_t^i = \{F_{t,x}^i; 0 \le x \le t\}$, where $F_{t,x}^i$ is the sigma sub-field generated by the random variables $\{I\{Y_i \le t\},\ Z_i I\{Y_i \le t\},\ Y_i I\{Y_i \le t\},\ I\{X_i \le \min(u, t-Y_i, W_i)\},\ I\{W_i \le \min(u, t-Y_i, X_i)\}: 0 \le u \le x\}$. The martingale structure will be important in the following two lemmas.

Lemma 4.2

For each n and each t, let $\bar{M}_{k,n}(t,x) \equiv \sum_{i=1}^{n} M_i(t,x)\, I\{Z_i = c_k\};\ k=1,\dots,m;$ and let $B_{n,t}$ be a basis containing $\{F_t^i : i = 1,\dots,n\}$. Let $\pi(t,x\,|\,Z) \equiv H(t-x\,|\,Z)\, S(x\,|\,Z)\, \bar{G}(x\,|\,Z)$, where we assume $\pi(t,x\,|\,Z) > 0$ for $0 < x < t$. Define

$$\hat{\mu}(t,x) = \sum_{i=1}^{n} e^{\beta_0 Z_i} Z_i I\{X_i(t) \ge x\} \bigg/ \sum_{i=1}^{n} e^{\beta_0 Z_i} I\{X_i(t) \ge x\}$$

and

$$\mu(t,x) = E\left\{ e^{\beta_0 Z} Z\, \pi(t,x\,|\,Z) \right\} \bigg/ E\left\{ e^{\beta_0 Z}\, \pi(t,x\,|\,Z) \right\},$$

where $\hat{\mu}(t,x) \equiv 0$ if $\sum_{i=1}^{n} I\{X_i(t) \ge x\} = 0$, and $\mu(t,t) \equiv 0$ if $\pi(t,t\,|\,z) = 0$. Define

$$\hat{\tilde{S}}_n(t) = \sum_{i=1}^{n} \int_0^t Q(t,x)\, \{Z_i - \mu(t,x)\}\, d\{N_i(t,x) - \int_0^t e^{\beta_0 Z_i} \lambda_0(u)\, I\{X_i(t) \ge u\}\,du\}.$$

Assume that

1) $\sup_{\le\, \le \tau} |Q(t,x) - \hat{Q}(t,x)| \xrightarrow{P} 0$ for all $\tau < t$, where $\xrightarrow{P}$ means convergence in probability.

2) $\hat{Q}$ is bounded over $[0,t]$, left continuous with right hand limits, and adapted to $B_{n,t}$.

Then, under H_0,

$$n^{-\frac{1}{2}} \{\hat{\tilde{S}}_n(t) - \tilde{S}_n(t)\} \xrightarrow{P} 0.$$

<u>Proof:</u> $\quad n^{-1/2}\,\{\tilde{S}_n(t) - \hat{\tilde{S}}_n(t)\}$

$$= \sum_{k=1}^{m} n^{-1/2} \int_0^t \{\hat{Q}(t,x) - Q(t,x)\}\{c_k - \hat{\mu}(t,x)\}\,d\,\bar{M}_{k,n}(t,x)$$

$$+ \sum_{k=1}^{m} n^{-1/2} \int_0^t Q(t,x)\,\{\mu(t,x) - \hat{\mu}(t,x)\}\,d\,\bar{M}_{k,n}(t,x)$$

$$\equiv \sum_{k=1}^{m} n^{-1/2}\,E_{k,n}^1(t) + \sum_{k=1}^{m} n^{-1/2}\,E_{k,n}^2(t)$$

We will establish that the above expression converges to zero in probability under H_0 by appealing to the central limit theorem (GILL 1980, § 2.4) for stochastic integrals with respect to counting process martingales.

Fix ε and t. Since $\bar{M}_{k,n}$ is a square integrable martingale with respect to $\mathcal{B}_{n,t}$ (FLEMING and HARRINGTON, 1981) and $(\hat{Q}-Q)$ is bounded and predictable, $n^{-1/2}E_{k,n}^1$ is a square integrable martingale with zero expectation and predictable covariation process

$$\int\{\hat{Q}(t,x) - Q(t,x)\}^2\,\{c_k - \hat{\mu}(t,x)\}^2\,d < \bar{M}_{k,n}(t,x),\,\bar{M}_{k,n}(t,x) \gg =$$

$$\int\{\hat{Q}(t,x) - Q(t,x)\}^2\,\{c_k - \hat{\mu}(t,x)\}^2\,d \int_0^x e^{\beta_0 c_k}\,\lambda_0(u)\,n^{-1} \sum_{i:Z_i=c_k} I\{X_i(t) \geq u\}\,du.$$

Since $\sup|\hat{Q}-Q|$ is bounded, τ_ε can be chosen such that

$$\int_{\tau_\varepsilon}^t e^{\beta_0 c_k}\,\lambda_0(u)\,du \cdot \sup_{0 \leq x \leq t} [\{Q(t,x) - \hat{Q}(t,x)\}^2\,\{c_k - \hat{\mu}(t,x)\}^2] < \varepsilon/2\;.$$

Further, since $\sup_{0 \leq x \leq \tau_\varepsilon} |\hat{Q}(t,x) - Q(t,x)| \xrightarrow{P} 0$, n_1 can be chosen such that for $n \geq n_1$,

$$P(e^{\beta_0 c_k}\Lambda_0(t)\,\sup_{0 \leq x \leq \tau_\varepsilon} [\{\hat{Q}(t,x) - Q(t,x)\}^2\,\{c_k - \hat{\mu}(t,x)\}^2] < \varepsilon/2) > 1 - \varepsilon.$$

Then $P(<n^{-1/2}E_{k,n}^1(t),\,n^{-1/2}E_{k,n}^1(t)> < \varepsilon) > 1 - \varepsilon$ for $n > n_1$. The martingale central limit theorem (GILL, Theorem 2.4.1) then implies that $n^{-1/2}E_{k,n}^1(t) \xrightarrow{P} 0$. We can show in a similar fashion that $n^{-1/2}E_{k,n}^2(t) \xrightarrow{P} 0$, and thus $n^{-1/2}\{\hat{\tilde{S}}_n(t) - \tilde{S}_n(t)\} \xrightarrow{P} 0$.

By Lemma 4.2, and an application of the Cramér-Wold device it is now sufficient to find the asymptotic joint distribution of $n^{-1/2} \{\hat{\tilde{S}}_n(t_1), \hat{\tilde{S}}_n(t_2),\ldots,\hat{\tilde{S}}_n(t_j)\}$. If we first define the stochastic processes $M_i(x)$, $i = 1,2,\ldots,n$

$$M_i(x) = \Delta_i(x) - \int_0^x I\{Y_i \leq u \leq Y_i + \min(X_i,W_i)\} \lambda(u-Y_i \mid Z_i)\, du,$$

it then follows by a simple time transformation that

$$\hat{\tilde{S}}_n(t) = \sum_{i=1}^n \int_0^t Q(t,x-Y_i)\, \{Z_i - \mu(t,x-Y_i)\}\, dM_i(x) \equiv \sum_{i=1}^n A_i(t),$$

a sum of independent and identically distributed random variables. That $n^{-1/2} \{\hat{\tilde{S}}_n(t_1), \hat{\tilde{S}}_n(t_2),\ldots,\hat{\tilde{S}}_n(t_j)\}$ converges to a multivariate normal distribution follows from the central limit theorem. As with $M_i(t,x)$, $M_i(x)$ is a square integrable martingale, but with respect to the basis $\{\bar{F}_x^i;\ 0 \leq x \leq \infty\}$ where $\bar{F}_x^i$ is the sigma sub-field generated by the random variables $\{I\{Y_i \leq u\},\ Z_i I\{Y_i \leq u\},\ I\{X_i \leq \min(u-Y_i,W_i)\},\ I\{W_i \leq \min(u-Y_i,X_i)\}\};\ 0 \leq u \leq x\}$. Asymptotic moments given in the lemma follow from results of MEYER (1976) for stochastic integrals with respect to martingales.

Lemma 4.3

Assume conditions given in Lemma 4.2 and let $0 \leq t \leq t' \leq t_j$.
Then $E\, \hat{\tilde{S}}_n(t) = E\, A_i(t) = 0$, and $\mathrm{cov}\{n^{-1/2} \hat{\tilde{S}}_n(t),\ n^{-1/2} \hat{\tilde{S}}_n(t')\} =$

$$= \mathrm{cov}\{A_i(t),\ A_i(t')\} = \int_0^t Q(t,x)Q(t',x)\, E[\{Z-\mu(t,x)\}^2\, e^{\beta_0 Z} \lambda_0(x)\, \pi(t,x \mid Z)]\, dx.$$

When $\beta_0 = 0$, one obtains results presented by TSIATIS (1981b). However, application of martingale stochastic integral results simplifies the covariance calculation he made for this special case.

Since $\mathrm{cov}\{A_i(t'),\ A_i/t')\}$ depends upon t' only through $Q(t',x)$, it follows that $\{n^{-1/2} \tilde{S}_n(t):t \geq 0\}$ converges to a limit process having independent increments whenever $Q(t,x)$ is independent of t. Such is the case for the generalized G^ρ family when either $S(x \mid Z)$ or $H(x \mid Z)$ is independent of Z. This can be seen by observing $Q(t,x) = \{S^*(t,x)\}^\rho$ when $\hat{Q}(t,x) = \{\hat{S}(t,x)\}^\rho$, where

$$S^*(t,x) \equiv \exp\left[-\int_0^x \left\{ \sum_{k=1}^m p_k\, \pi(t,u \mid Z = c_k)\, \lambda(u \mid Z = c_k) \middle/ \sum_{k=1}^m p_k\, \pi(t,u \mid Z = c_k)\right\} du\right].$$

Although the derivation of the asymptotic distribution of $n^{-1/2}\{\tilde{S}_n(t_1),\ldots,\tilde{S}_n(t_k)\}$ assumes independent, identically distributed covariates Z_i, it can be extended to studies in which the covariate values are balanced through forced randomization. In particular, assume that in a study of n subjects, n_k of those will have covariate value c_k, $k = 1,\ldots m$ and that $n_k \equiv np_k$. The term $\sum_{i=1}^{n} A_i(t)$ may then be viewed as a sum of independent but non-identically distributed terms. One may still show that $n^{-1/2}\{\tilde{S}_n(t_1),\ldots,\tilde{S}_n(t_k)\}$ is asymptotically multivariate normal, with zero mean and with

$$\lim_{n\to\infty} \text{Cov}\{n^{-1/2}\tilde{S}(t), n^{-1/2}\tilde{S}_n(t')\}$$

$$= \sum_{k=1}^{m} P_k \int_0^t Q(t,x)\, Q(t',x)\, \{c_k - \mu(t,x)\}^2\, e^{\beta_0 c_k}\, \lambda_0(x)\, \pi(t,x|c_k)\, dx$$

where $t < t'$. Note that this expression agrees with the covariance formula in Lemma 4.3.

Recall, by Lemma 4.3, that $\text{cov}\{n^{-1/2}\tilde{S}_n(t), n^{-1/2}\tilde{S}_n(t')\}$ converges to

$$\sigma(t,t') \equiv \int_0^t Q(t,x)Q(t',x)E[\{Z-\mu(t,x)\}^2\, e^{\beta_0 Z}\, \pi(t,x|Z)]\, d\Lambda_0(x)$$

If $\hat{\sigma}(t,t')$ denotes a consistent estimator of $\sigma(t,t')$, then the actual test statistics employed at t and t' are $n^{-1/2}\{\hat{\sigma}(t,t)\}^{-1/2}\tilde{S}_n(t)$ and $n^{-1/2}\{\hat{\sigma}(t',t')\}^{-1/2}\tilde{S}_n(t')$, which are positively correlated.

One consistent estimator is given by $\hat{\sigma}(t,t') \equiv$

$$\int_0^t \hat{Q}(t,x)\, \hat{Q}(t',x) \left[\frac{1}{n} \sum_{j=1}^{n} \{Z_j - \hat{\mu}(t,x)\}^2\, e^{\beta_0 Z_j}\, I\{X_j(t) \geq x\} \right] d\hat{\Lambda}_0(t,x) =$$

$$\frac{1}{n} \sum_{i\varepsilon R(t)} \left[\Delta_i(t)\, \hat{Q}(t,X_i(t))\, \hat{Q}(t',X_i(t))* \right.$$

$$\left. * \left\{ \sum_{j\varepsilon R(t,X_i(t))} e^{\beta_0 Z_j} \left(Z_j - \frac{\sum\limits_{\ell\varepsilon R(t,X_i(t))} Z_\ell\, e^{\beta_0 Z_\ell}}{\sum\limits_{\ell\varepsilon R(t,X_i(t))} e^{\beta_0 Z_\ell}} \right)^2 \middle/ \sum_{j\varepsilon R(t,X_i(t))} e^{\beta_0 Z_j} \right\} \right] ,$$

where $R(t)$ denotes the set of indices $\{j = 1,\ldots,n\}$ such that $Y_j \leq t$, and $R(t,x)$ denotes the set such that $\{X_j(t) \geq x\}$. That $n^{-1/2}\{\hat{\sigma}(t,t)\}^{-1/2}\tilde{S}_n(t)$ does not require knowledge of n is important for applications.

4.2 Selection of π_i, $i = 1,\ldots,K$.

Several different approaches exist for choosing π_i; $i = 1,\ldots,K$. One approach of particular interest would be to select π_1, $\pi_2,\ldots,\pi_{K-1}$ small, with $\pi_K \approx \alpha$, where α is the size of the procedure. Procedures discussed by HAYBITTLE (1971) and O'BRIEN and FLEMING (1979) are conceptually related to this. The resulting serial testing procedure would then allow early testing to detect substantial departures from H_0, satisfying ethical considerations. In addition, the critical value for the statistic employed at the Kth and final stage of the procedure would be nearly identical to the critical value which is appropriate when a single stage procedure is based upon that statistic. Such a sequential procedure would have power nearly identical to that of the corresponding single stage procedure. On the other hand, the serial testing procedure resulting from repeated use of a statistic will have operating characteristics considerably different from those of the corresponding single stage procedure if one chooses π_i, $i = 1,\ldots,K$, such that $\pi_K << \alpha$. In heavily censored data, the sequential procedure will give much lighter weight to "later" occurring departures from H_0 than the corresponding single stage procedure. A careful theoretical consideration of the power and efficiencies of these types of serial testing procedures seems to be difficult.

Acknowledgement

The research of the first author was supported by Eagles Grant 23 and NSF Grant MCS 80-02887. The research of the second and third authors was supported by NIH Grant CA-24089.

REFERENCES

[1]   COX, D.R. (1972): Regression models and life tables (with discussion). J.R. Statist. Soc. B 34, 187-220.

[2]   COX, D.R. (1975): Partial likelihood. Biometrika 62, 269-276.

[3]   FLEMING, T.R. & HARRINGTON, D.P. (1981): A class of hypothesis tests for one and two sample censored survival data. Commun. Statist. A 10, 763-94.

[4]   GILL, R.D. (1980): Censoring and Stochastic Integrals. Mathematical Centre Tracts 124, Mathematische Centre, Amsterdam.

[5]   HAYBITTLE, J.L. (1971): Repeated assessment of results in clinical trials of cancer treatment. Brit. J. Radiology 44, 793-7.

[6]   HARRINGTON, D.P. & FLEMING, T.R. (1982): A class of rank test procedures for censored survival data. Biometrika. In press.

[7]   LEHMANN, E.L. (1953): The power of rank tests. Annals of Math. Stat. 24, 23-43.

[8]   MANTEL, N. (1966): Evulation of survival data and two new rank order statistics arising in its consideration. Cancer Chemotherapy Rep. 50, 163-70.

[9]   MEYER, P.A. (1976): Un cours sur les integrales stochastiques, p. 245-400. In: Seminaire de Probabilites X, Lecture Notes in Mathematics 511, Springer-Verlag, Berlin.

[10] O'BRIEN, P.C. & FLEMING, T.R. (1979): A multiple testing procedure for clinical trials. Biometrics 35, 549-56.

[11] PETO, R. & PETO, J. (1972): Asymptotically efficient rank invariant test procedures (with discussion). J.R. Statist. Soc. A 135, 185-206.

[12] PRENTICE, R.L. (1978): Linear rank tests with right censored data. Biometrika 65, 167-79.

[13] PRENTICE, R.L. & MAREK, P. (1979): A qualitative discrepancy between censored data rank tests. Biometrics 35, 861-7.

[14] SLUD, E.V. & WEI, L.J. (1981): Two-sample repeated significance tests based on the modified Wilcoxon statistic. Journal of the American Statistical Association. To appear.

[15] TARONE, R.E. & WARE, J. (1977): On distribution free tests for equality of survival distributions. Biometrika 64, 156-60.

[16] TSIATIS, A.A. (1981a): The asymptotic joint distribution of the efficient scores test for the proportional hazards model calculated over time. Biometrika 68, 311-15.

[17] TSIATIS, A.A. (1981b): Repeated significance testing for a general class of score statistics used in censored survival analysis. Institute of Mathematical Statistics Monograph Series. To appear.

Band 34: C. E. M. Dietrich, P. Walleitner, Warteschlangen-Theorie und Gesundheitswesen. VIII, 96 Seiten. 1982.

Band 35: H.-J. Seelos, Prinzipien des Projektmanagements im Gesundheitswesen. V, 143 Seiten. 1982.

Band 36: C. O. Köhler, Ziele, Aufgaben, Realisation eines Krankenhausinformationssystems. II, (1-8), 216 Seiten. 1982.

Band 37: Bernd Page, Methoden der Modellbildung in der Gesundheitssystemforschung. X, 378 Seiten. 1982.

Band 38: Arztgeheimnis – Datenbanken – Datenschutz. Arbeitstagung, Bad Homburg, 1982. Herausgegeben von P. L. Reichertz und W. Kilian. VIII, 224 Seiten. 1982.

Band 39: Ausbildung in der Medizinischen Informatik. Proceedings, 1982. Herausgegeben von P. L. Reichertz und P. Koeppe. VIII, 248 Seiten. 1982.

Band 40: Methoden der Statistik und Informatik in Epidemiologie und Diagnostik. Proceedings, 1982. Herausgegeben von J. Berger und K. H. Höhne. XI, 451 Seiten. 1983

Band 41: G. Heinrich, Bildverarbeitung von Computer-Tomogrammen zur Unterstützung der neuroradiologischen Diagnostik. VIII, 203 Seiten. 1983.

Band 42: K. Boehnke, Der Einfluß verschiedener Stichprobencharakteristika auf die Effizienz der parametrischen und nichtparametrischen Varianzanalyse. II, 6, 173 Seiten. 1983.

Band 43: W. Rehpenning, Multivariate Datenbeurteilung. IX, 89 Seiten. 1983.

Band 44: B. Camphausen, Auswirkungen demographischer Prozesse auf die Berufe und die Kosten im Gesundheitswesen. XII, 292 Seiten. 1983.

Band 45: W. Lordieck, P. L. Reichertz, Die EDV in den Krankenhäusern der Bundesrepublik Deutschland. XV, 190 Seiten. 1983.

Band 46: K. Heidenberger, Strategische Analyse der sekundären Hypertonieprävention. VII, 274 Seiten. 1983.

Band 47: H.-J. Seelos, Computerunterstützte Screeninganamnese. IX, 221 Seiten. 1983.

Band 48: H.-E. Wichmann, Regulationsmodelle und ihre Anwendung auf die Blutbildung. XVIII, 303 Seiten. 1984.

Band 49: D. Hölzel, G. Schubert-Fritschle, Ch. Thieme, Klinikübergreifende Tumorverlaufsdokumentation. XI, 269 Seiten. 1984.

Band 50: Der Beitrag der Informationsverarbeitung zum Fortschritt der Medizin. 28. Jahrestagung der GMDS, Heidelberg, September 1983. Herausgegeben von C.O. Köhler, P. Tautu und G. Wagner. XI, 668 Seiten. 1984.

Band 51: L. Gutjahr, G. Ferber, Neurographische Normalwerte. XI. 322 Seiten. 1984.

Band 52: Systemanalyse biologischer Prozesse, 1. Ebernburger Gespräch. Herausgegeben von D. P. F. Möller. IX, 226 Seiten. 1984.

Band 53: W. Köpcke, Zwischenauswertungen und vorzeitiger Abbruch von Therapiestudien. V, 197 Seiten. 1984.

Band 54: W. Grothe, Ein Informationssystem für die Geburtshilfe. VIII, 240 Seiten. 1984.

Band 55: K. Vanselow, D. Proppe, Grundlagen der quantitativen Röntgen-Bildauswertung. VII, 280 Seiten. 1984.

Band 56: Strukturen und Prozesse – Neue Ansätze in der Biometrie. Proceedings, 1982. Herausgegeben von R. Repges und Th. Tolxdorff. V, 138 Seiten. 1984.

Band 34: C. E. M. Dietrich, P. Walleitner, Warteschlangen-Theorie und Gesundheitswesen. VIII, 96 Seiten. 1982.

Band 35: H.-J. Seelos, Prinzipien des Projektmanagements im Gesundheitswesen. V, 143 Seiten. 1982.

Band 36: C. O. Köhler, Ziele, Aufgaben, Realisation eines Krankenhausinformationssystems. II, (1-8), 216 Seiten. 1982.

Band 37: Bernd Page, Methoden der Modellbildung in der Gesundheitssystemforschung. X, 378 Seiten. 1982.

Band 38: Arztgeheimnis – Datenbanken – Datenschutz. Arbeitstagung, Bad Homburg, 1982. Herausgegeben von P. L. Reichertz und W. Kilian. VIII, 224 Seiten. 1982.

Band 39: Ausbildung in der Medizinischen Informatik. Proceedings, 1982. Herausgegeben von P. L. Reichertz und P. Koeppe. VIII, 248 Seiten. 1982.

Band 40: Methoden der Statistik und Informatik in Epidemiologie und Diagnostik. Proceedings, 1982. Herausgegeben von J. Berger und K. H. Höhne. XI, 451 Seiten. 1983

Band 41: G. Heinrich, Bildverarbeitung von Computer-Tomogrammen zur Unterstützung der neuroradiologischen Diagnostik. VIII, 203 Seiten. 1983.

Band 42: K. Boehnke, Der Einfluß verschiedener Stichprobencharakteristika auf die Effizienz der parametrischen und nichtparametrischen Varianzanalyse. II, 6, 173 Seiten. 1983.

Band 43: W. Rehpenning, Multivariate Datenbeurteilung. IX, 89 Seiten. 1983.

Band 44: B. Camphausen, Auswirkungen demographischer Prozesse auf die Berufe und die Kosten im Gesundheitswesen. XII, 292 Seiten. 1983.

Band 45: W. Lordieck, P. L. Reichertz, Die EDV in den Krankenhäusern der Bundesrepublik Deutschland. XV, 190 Seiten. 1983.

Band 46: K. Heidenberger, Strategische Analyse der sekundären Hypertonieprävention. VII, 274 Seiten. 1983.

Band 47: H.-J. Seelos, Computerunterstützte Screeninganamnese. IX, 221 Seiten. 1983.

Band 48: H.-E. Wichmann, Regulationsmodelle und ihre Anwendung auf die Blutbildung. XVIII, 303 Seiten. 1984.

Band 49: D. Hölzel, G. Schubert-Fritschle, Ch. Thieme, Klinikübergreifende Tumorverlaufsdokumentation. XI, 269 Seiten. 1984.

Band 50: Der Beitrag der Informationsverarbeitung zum Fortschritt der Medizin. 28. Jahrestagung der GMDS, Heidelberg, September 1983. Herausgegeben von C.O. Köhler, P. Tautu und G. Wagner. XI, 668 Seiten. 1984.

Band 51: L. Gutjahr, G. Ferber, Neurographische Normalwerte. XI. 322 Seiten. 1984.

Band 52: Systemanalyse biologischer Prozesse, 1. Ebernburger Gespräch. Herausgegeben von D. P. F. Möller. IX, 226 Seiten. 1984.

Band 53: W. Köpcke, Zwischenauswertungen und vorzeitiger Abbruch von Therapiestudien. V, 197 Seiten. 1984.

Band 54: W. Grothe, Ein Informationssystem für die Geburtshilfe. VIII, 240 Seiten. 1984.

Band 55: K. Vanselow, D. Proppe, Grundlagen der quantitativen Röntgen-Bildauswertung. VII, 280 Seiten. 1984.

Band 56: Strukturen und Prozesse – Neue Ansätze in der Biometrie. Proceedings, 1982. Herausgegeben von R. Repges und Th. Tolxdorff. V, 138 Seiten. 1984.

Medizinische Informatik und Statistik

Band 1: Medizinische Informatik 1975. Frühjahrstagung des Fachbereiches Informatik der GMDS. Herausgegeben von P. L. Reichertz. VII, 277 Seiten. 1976.

Band 2: Alternativen medizinischer Datenverarbeitung. Fachtagung München-Großhadern 1976. Herausgegeben von H. K. Selbmann, K. Überla und R. Greiller. VI, 175 Seiten. 1976.

Band 3: Informatics and Medecine. An Advanced Course. Edited by P. L. Reichertz and G. Goos. VIII, 712 pages. 1977.

Band 4: Klartextverarbeitung. Frühjahrstagung, Gießen, 1977. Herausgegeben von F. Wingert. V, 161 Seiten. 1978.

Band 5: N. Wermuth, Zusammenhangsanalysen Medizinischer Daten. XII, 115 Seiten. 1978.

Band 6: U. Ranft, Zur Mechanik und Regelung des Herzkreislaufsystems. Ein digitales Simulationsmodell. XV, 192 Seiten. 1978.

Band 7: Langzeitstudien über Nebenwirkungen Kontrazeption – Stand und Planung. Symposium der Studiengruppe „Nebenwirkungen oraler Kontrazeptiva – Entwicklungsphase", München 1977. Herausgegeben von U. Kellhammer. VI, 254 Seiten. 1978.

Band 8: Simulationsmethoden in der Medizin und Biologie. Workshop, Hannover, 1977. Herausgegeben von B. Schneider und U. Ranft. XI, 496 Seiten. 1978.

Band 9: 15 Jahre Medizinische Statistik und Dokumentation. Herausgegeben von H.-J. Lange, J. Michaelis und K. Überla. VI, 205 Seiten. 1978.

Band 10: Perspektiven der Gesundheitssystemforschung. Frühjahrstagung, Wuppertal, 1978. Herausgegeben von W. van Eimeren. V, 171 Seiten. 1978.

Band 11: U. Feldmann, Wachstumskinetik. Mathematische Modelle und Methoden zur Analyse altersabhängiger populationskinetischer Prozesse. VIII, 137 Seiten. 1979.

Band 12: Juristische Probleme der Datenverarbeitung in der Medizin. GMDS/GRVI Datenschutz-Workshop 1979. Herausgegeben von W. Kilian und A. J. Porth. VIII, 167 Seiten. 1979.

Band 13: S. Biefang, W. Köpcke und M. A. Schreiber, Manual für die Planung und Durchführung von Therapiestudien. IV, 92 Seiten. 1979.

Band 14: Datenpräsentation. Frühjahrstagung, Heidelberg 1979. Herausgegeben von J. R. Möhr und C. O. Köhler. XVI, 318 Seiten. 1979.

Band 15: Probleme einer systematischen Früherkennung. 6. Frühjahrstagung, Heidelberg 1979. Herausgegeben von W. van Eimeren und A. Neiß. VI, 176 Seiten, 1979.

Band 16: Informationsverarbeitung in der Medizin -Wege und Irrwege-. Herausgegeben von C. Th. Ehlers und R. Klar. XI, 796 Seiten. 1979.

Band 17: Biometrie – heute und morgen. Interregionales Biometrisches Kolloquium 1980. Herausgegeben von W. Köpcke und K. Überla. X, 369 Seiten. 1980.

Band 18: R.-J. Fischer, Automatische Schreibfehlerkorrektur in Texten. Anwendung auf ein medizinisches Lexikon. X, 89 Seiten. 1980.

Band 19: H. J. Rath, Peristaltische Strömungen. VIII, 119 Seiten. 1980.

Band 20: Robuste Verfahren. 25. Biometrisches Kolloquium der Deutschen Region der Internationalen Biometrischen Gesellschaft, Bad Nauheim, März 1979. Herausgegeben von H. Nowak und R. Zentgraf. V, 121 Seiten. 1980.

Band 21: Betriebsärztliche Informationssysteme. Frühjahrstagung, München, 1980. Herausgegeben von J. R. Möhr und C. O. Köhler. (vergriffen)

Band 22: Modelle in der Medizin. Theorie und Praxis. Herausgegeben von H. J. Jesdinsky und V. Weidtman. XIX, 786 Seiten. 1980.

Band 23: Th. Kriedel, Effizienzanalysen von Gesundheitsprojekten. Diskussion und Anwendung auf Epilepsieambulanzen. XI, 287 Seiten. 1980.

Band 24: G. K. Wolf, Klinische Forschung mittels verteilungsunabhängiger Methoden. X, 141 Seiten. 1980.

Band 25: Ausbildung in Medizinischer Dokumentation, Statistik und Datenverarbeitung. Herausgegeben von W. Gaus. X, 122 Seiten. 1981.

Band 26: Explorative Datenanalyse. Frühjahrstagung, München, 1980. Herausgegeben von N. Victor, W. Lehmacher und W. van Eimeren. V, 211 Seiten. 1980.

Band 27: Systeme und Signalverarbeitung in der Nuklearmedizin. Frühjahrstagung, München, März 1980. Proceedings. Herausgegeben von S. J. Pöppl und D. P. Pretschner. IX, 317 Seiten. 1981.

Band 28: Nachsorge und Krankheitsverlaufsanalyse. 25. Jahrestagung der GMDS, Erlangen, September 1980. Herausgegeben von L. Horbach und C. Duhme. XII, 697 Seiten. 1981.

Band 29: Datenquellen für Sozialmedizin und Epidemiologie. Herausgegeben von R. Brennecke, E. Greiser, H. A. Paul und E. Schach. VIII, 277 Seiten. 1981.

Band 30: D. Möller, Ein geschlossenes nichtlineares Modell zur Simulation des Kurzzeitverhaltens des Kreislaufsystems und seine Anwendung zur Identifikation. XV, 225 Seiten. 1981.

Band 31: Qualitätssicherung in der Medizin. Probleme und Lösungsansätze. GMDS-Frühjahrstagung, Tübingen, 1981. Herausgegeben von H. K. Selbmann, F. W. Schwartz und W. van Eimeren. VII, 199 Seiten. 1981.

Band 32: Otto Richter, Mathematische Modelle für die klinische Forschung: enzymatische und pharmakokinetische Prozesse. IX, 196 Seiten, 1981.

Band 33: Therapiestudien. 26. Jahrestagung der GMDS, Gießen, September 1981. Herausgegeben von N. Victor, J. Dudeck und E. P. Broszio. VII, 600 Seiten. 1981.